浙江大学紫金港植物原色图谱

主　　编　邱英雄　赵云鹏　李　攀
副 主 编　郑小明　丁燕倩　姜维梅
校　　审　傅承新
编写人员（按姓氏笔画排序）
毛云锐　王沈逸　卢瑞森
叶文清　朱珊珊　刘　军
张永华　周文彬　茹雅璐
蔡敏琪

图书在版编目（CIP）数据

浙江大学紫金港植物原色图谱/邱英雄，赵云鹏，李攀主编. —杭州：浙江大学出版社，2016.8（2017.5重印）

ISBN 978-7-308-16095-7

Ⅰ.①浙… Ⅱ. ①邱… ②赵… ③李… Ⅲ. ①浙江大学-植物-图谱 Ⅳ. ①Q948.525.51-64

中国版本图书馆CIP数据核字（2016）第181870号

浙江大学紫金港植物原色图谱

邱英雄　赵云鹏　李　攀　主编

责任编辑　杜玲玲

责任校对　潘晶晶　秦　瑕

封面设计　姚燕鸣

出版发行　浙江大学出版社

（杭州市天目山路148号　邮政编码310007）

（网址：http: //www.zjupress.com）

排　　版　杭州立飞图文制作有限公司

印　　刷　浙江省邮电印刷股份有限公司

开　　本　889mm×1194mm　1/32

印　　张　14

字　　数　472千

版 印 次　2016年8月第1版　2017年5月第2次印刷

书　　号　ISBN 978-7-308-16095-7

定　　价　52.00元

序

“国有成均，在浙之滨”。有着百年辉煌历史的浙江大学，在新世纪投资新建了一座集现代化、网络化、园林化、生态化于一体的大学校园——紫金港校区。该校区毗邻著名的西溪湿地国家公园，其东区占地3192亩（西区约3000亩在建），校园建筑与园林绿化辉映成趣，而以南华园所保留的一片湿地为“画眼”，与移建其上的一处明代民居融汇出诗意江南的历史情结，粉墙黛瓦，石栏曲桥，古木风竹，鱼鸟欣然……

如果说道路是校园的骨骼，建筑是校园的血肉，那么植物就是校园的灵魂，春华秋实，生生不息。学子们徜徉于启真湖畔，漫步于中山林中，耽迷微风徐沐、花叶轻拂的心灵触证。值春之季，梅兰樱桃，香彩四溢，又兼紫藤如瀑，新绿逼眼；待到夏日，芳菲未歇，荷风送香，正是蜂舞莺歌，青春年少；秋风既起，桂花飘香，黄橡隐树，更有红柿乍眼，草偃波柔；冬寒雪后，琼枝盖云，雪输梅香，堪比瑶池仙境，如诗如卷。

紫金港校区中除常见的原生植物和园林植物外，还引种了一些珍稀濒危植物。绶草虽为国家二级保护植物，却常在紫金港各处的草坪中展露身姿，萦粉绶锦，娟秀兰惠。观光木亦是国家二级保护植物，因纪念中国植物分类学家钟观光先生而得名。钟老先生于1927年8月创建了中国高校中第一个按植物分类系统排列布局的植物园——浙江大学植物园（原位于笕桥校区，后搬至华家池）。而如今，紫金港校区金工实验中心旁引种的观光木，似乎带着先辈们的希冀，见证着这所百年名校的变迁与发展。也使得紫金港校区正向着“校区式植物园”发展，供浙大师生们欣赏植物和景观，学习植物分类学知识。

所谓“年年岁岁花相似，岁岁年年人不同”。紫金港的花藤草木经年不变，仿佛永远都是最初的模样，它们和竺可桢老校长的雕像一起迎来朝气蓬勃的新生，用独特的静谧陪伴着同学们成长，欣慰着同学们的收获；又在爬山虎绿满墙的季节里送走意气风发的毕业生，带着祝福目送他们走出校门，走向自己的人生轨道。年复一年，紫金港校园里的每个角落都承载着各届“浙大人”的记忆，随着岁月的积淀愈发厚重。

哈佛大学、牛津大学、剑桥大学、威斯康辛大学等世界名校均出版了校园植物志、植物图谱，而北京大学《燕园草木》、武汉大学《珞珈山植物原色图谱》的出版，也使得国内其他大学重视并塑造自己的校园与生态文化。适逢浙大建校 120 周年之际，我们撰辑出版《浙江大学紫金港植物原色图谱》，以为母校甲子重逢之庆，预祝母校的未来更加美好！

本图册收录了紫金港校区野生以及栽培维管植物 140 科 498 属 767 种（含种下单位）。每种植物各用 2~3 张照片，用以真实地反映其分类识别特征，并配以简明扼要的文字描述，介绍其形态特征和识别要点，以便读者图文对照。本书中的物种名录数据主要来自“浙江大学校园植物”CFH 网站。蕨类植物分类系统采用Christenhusz et al.（2011a）石松类和蕨类植物新系统，裸子植物分类系统采用Christenhusz et al.（2011b）裸子植物新系统，被子植物分类系统采用APG III系统（APG III, 2009）及最新中文版资料（刘冰等，2015）。科的顺序按照上述系统的顺序排列，各科下属种的顺序按照字母顺序排列。中文名参考Chinese Field Herbarium（CFH）和《浙江植物志》。拉丁学名参考The Plant List（TPL）、The International Plant Names Index（IPNI）和Flora of China（FOC）。英文名参考英国皇家园艺学会网站（https://www.rhs.org.uk/）、美国农业部植物数据库（http://plants.usda.gov）或Wikipedia（维基百科）。书后附有书中所有植物种类的中文名索引和拉丁名索引，以便于读者查阅。

本图册是浙江省优秀教学团队“植物与进化生物学”教学团队、浙江大学国家精品课程及国家精品示范共享课程“植物学”课程建设的一部分。本书的编写出版得到了浙江大学教学研究经费支持，感谢浙江大学生命科学学院对本书编写给予了极大的关心和支持。感谢“国家标本平台教学标本子平台”对本项目前期物种数据收集的支持。在本书文字编写与资料收集的过程中，浙江大学陈露茜、童恬静、花诗鉴等同学提供部分照片，黄创盛、刘悦、李东晓、王挺进、李笑存、吴楠、钟雨晨、吕哲坤、秦佳怡、蒋佩琳、郭钰欣、刘妍、胡镇涛、王盛、丁一恒、王嘉忆、商安宇等同学参与了部分整理工作，感谢你们对本书编写的支持和贡献。

邱英雄　傅承新
2016 年 6 月于紫金港

目 录

一、蕨类植物(Pteridophyta)

二、裸子植物(Gymnospermae)

三、被子植物（Angiospermae）

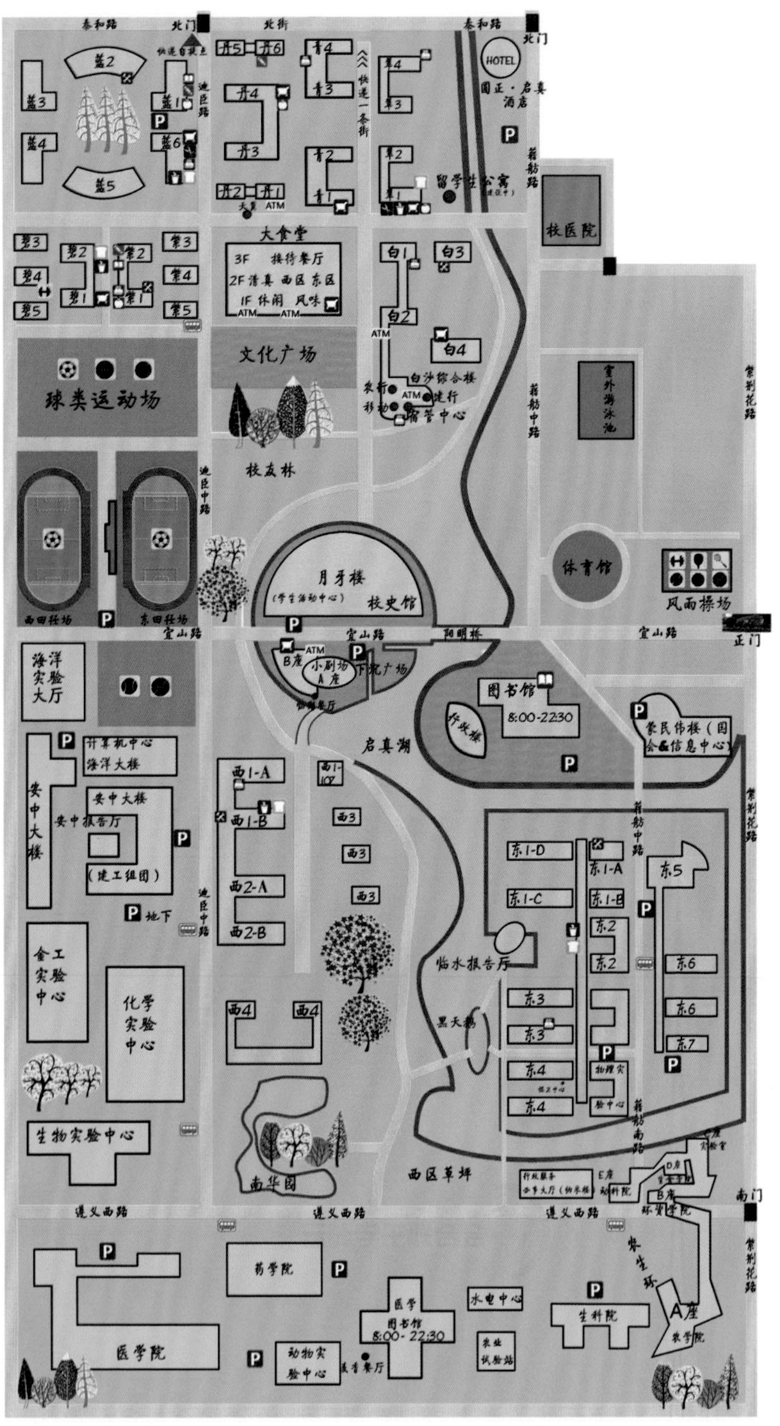

浙江大学紫金港校区校园平面分布示意图（浙江大学云峰学生会提供）

一、蕨类植物

（Pteridophyta）

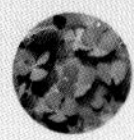

1. 节节草　木贼科（Equisetaceae）

Equisetum ramosissimum **Desf.**　　**branched horsetail**

中小型植物。根茎直立，地上枝多年生。枝常形成簇生状；主枝有脊5~14条，脊的背部弧形，有一行小瘤或有浅色小横纹；侧枝较硬，圆柱状，有脊5~8条，脊上平滑或有一行小瘤或有浅色小横纹。孢子囊穗短棒状或椭圆形，顶端有小尖突，无柄。世界广布。校内见于校友林潮湿处。

2. 瓶尔小草　瓶尔小草科（Ophioglossaceae）

Ophioglossum vulgatum **L.**　　**adder's tongue fern**

根状茎短而直立。叶单生，深埋土中，下半部为灰白色，较粗大。分营养叶和孢子叶。营养叶为卵状长圆形或狭卵形，先端钝圆或急尖，基部急剧变狭并稍下延，无柄，微肉质到草质，全缘，网状脉明显。孢子叶较粗健，自营养叶基部生出，先端尖，远超出于营养叶之上。北温带广泛分布。校内见于白沙学园、校友林、金工实验中心等处的草坪上。

3. 海金沙　海金沙科（Lygodiaceae）

***Lygodium japonicum* (Thunb.) Sw.　　Japanese climbing fern**

攀缘植物。叶二回羽裂，对生于叶轴；小羽轴上具有狭翅及短毛；叶二型，不育叶生于叶轴下部，尖三角形，长宽近等；末回小羽片掌状 3 裂，裂片短而阔；能育叶生于叶轴上部，卵状三角形，长宽近等，末回小羽片边缘生流苏状孢子囊穗，成熟时暗褐色。亚洲、大洋洲、北美洲广泛分布。校内见于南华园灌草丛中。

4. 满江红　槐叶蘋科（Salviniaceae）

***Azolla imbricata* (Roxb. ex Griff.) Nakai　　mosquito fern**

小型漂浮植物。植物体呈卵形或三角状，根状茎细长横走，侧枝腋生，假二歧分枝，向下生须根。叶小如芝麻，互生，无柄，覆瓦状排列成两行，孢子果双生于分枝处，大孢子果体积小，长卵形，顶部喙状，内藏一个大孢子囊，大孢子囊只产一个大孢子，大孢子囊有 9 个浮膘；小孢子果体积大，球形或桃形，顶端有短喙，果壁薄而透明，内含多数具长柄的小孢子囊，每个小孢子囊内有 64 个小孢子，分别埋藏在 5~8 块无色海绵状的泡胶块上，泡胶块上有丝状毛。亚洲广布。校内见于各水域。

5. 蘋（田字草） 槐叶蘋科（Salviniaceae）

***Marsilea quadrifolia* L.**　　**European water clover**

沼生草本。根状茎细长柔软，呈匍匐状。不育叶四枚，倒三角形，具长柄，对生，呈十字形，叶脉叉状。孢子果常 2~3 个丛集，每个孢子果内含有多数孢子囊。生于水田或沟塘，可作饲料。原产亚洲和欧洲，归化于北美洲。校内见于各水域。

6. 槐叶蘋 槐叶蘋科（Salviniaceae）

***Salvinia natans* (L.) All**　　**floating watermoss**

小型漂浮植物。茎纤细横走，无根。三叶轮生，上侧两叶椭圆状，形如槐叶，漂浮；下侧叶裂成丝状，形如须根，垂于水中。孢子果 4~8 个簇生于沉水叶基部。植物靠孢子和茎断体繁殖。生于水田、沟塘和静水溪河内。世界广布。校内见于各水域。

7. 水蕨　凤尾蕨科（Pteridaceae）

***Ceratopteris thalictroides* (L.) Brongn.　　water fern**

植株幼嫩时呈绿色，多汁柔软。根状茎短而直立，以一簇粗根着生于淤泥。叶簇生，二型。不育叶叶片狭长圆形，互生，斜展，彼此远离，能育叶叶片长圆形或卵状三角形，二三回羽状深裂；叶干后为软草质，绿色，两面均无毛。孢子囊沿能育叶的裂片主脉两侧的网眼着生，稀疏，棕色，幼时为连续不断的反卷叶缘所覆盖，成熟后多少张开，露出孢子囊。泛热带分布。校内见于启真湖边。

8. 井栏边草　凤尾蕨科（Pteridaceae）

***Pteris multifida* Poir.　　spider fern**

根状茎短而直立，先端被黑褐色鳞片。叶多数，密而簇生，明显二型；不育叶柄较短，稍有光泽，光滑；叶片一回羽状，对生，线状披针形，能育叶有较长的柄，狭线形；脉两面均隆起，禾秆色，侧脉明显，稀疏，单一或分叉，有时在侧脉间具有或多或少的与侧脉平行的细条纹（脉状异形细胞）。叶干后草质，暗绿色，遍体无毛；叶轴禾秆色，稍有光泽。东亚至东南亚广泛分布。校内见于各沟边或墙缝中。

二、裸子植物
（Gymnospermae）

9. 苏铁　苏铁科（Cycadaceae）

***Cycas revoluta* Thunb.**　　**cycad**

茎圆柱形，有螺旋状排列的菱形叶柄残痕。羽状叶从茎的顶部生出，下层的向下弯，上层的斜上伸展，条形，厚革质。雄球花圆柱形，小孢子叶窄楔形，大孢子叶上部的顶片卵形至长卵形，密生淡黄色绒毛；种子红褐色，卵圆形。花期6—7月。原产福建及日本南部，世界各地广泛栽培。校内常见室内外盆栽或露地栽培。

10. 银杏　银杏科（Ginkgoaceae）

***Ginkgo biloba* L.**　　**maidenhair tree**

乔木。树皮灰褐色，纵裂；短枝密被叶痕。叶扇形；在短枝上常具波状缺刻，在长枝上2裂；在短枝上簇生。球花，雌雄异株，单性；雄球花葇荑花序，雌球花长梗分两叉。核果，外种皮肉质，黄色，有臭味；中种皮骨质，白色。花期3—4月。种子可食用。我国特有“活化石”植物，零散分布于浙江天目山和三峡库区及重庆金佛山等地，现世界各地广泛栽培。校东大门入口、遵义西路等处列植成行道树，生物实验中心、化学实验中心、实验动物中心等处丛植，北山草坪、启真湖西侧草坪等多处孤植。

11. 日本冷杉　松科（Pinaceae）

***Abies firma* Siebold et Zucc.**

Japanese fir

高大乔木。树皮粗糙，鳞片状开裂；大枝平展，树冠塔形；冬芽卵圆形，有少量树脂。叶条形，上面光绿色，下面有2条灰白色气孔带；树脂道4。球果圆柱形；种鳞扇状四方形；苞鳞外露，长于种鳞，先端有骤凸的尖头；种翅楔状长方形，长于种子。花期4—5月，种子当年10月成熟。原产日本,我国引种栽培。校内见于松柏林。

12. 雪松　松科（Pinaceae）

***Cedrus deodara* (Roxb. ex D.Don) G.Don**

deodar

常绿乔木。树皮不规则鳞状开裂；茎分长短枝，基部宿存芽鳞。叶在长枝上辐射伸展，短枝上簇生；针形，坚硬，常为三棱形；叶背腹面各有数条气孔线。雄球花较长，雌球花较小；球果卵圆形，种鳞扇状至耳形，苞鳞短小；种子近三角状，种翅宽大。种子第二年10月成熟。原产喜马拉雅地区，现广泛栽培。校内见于大食堂、松柏林和蓝田学园等处。

13. 江南油杉　松科（Pinaceae）

Keteleeria fortunei **var.** ***cyclolepis*** **(Flous) Silba**

油杉的变种。高大乔木，树皮不规则纵裂。冬芽卵球形。叶条形或线形，在侧枝上排列成两列；上面无气孔线；下面有气孔线10~20条，被白粉；幼树枝有密毛，叶较长。球果圆柱形；中部种鳞斜方形至宽圆形；苞鳞先端三裂，边缘有细缺齿。种翅中部或中下部较宽。分布于长江以南地区。校内见于松柏林和东五庭院。

14. 湿地松　松科（Pinaceae）

Pinus elliottii **Engelm.　slash pine**

高大乔木。树冠卵状圆锥形；树皮灰纵裂，鳞状块片剥落；小枝粗壮，鳞叶宿存；冬芽圆柱形，无树脂。叶2~3针一束，背腹有气孔线，边缘有锯齿；树脂道2~9个。球果聚生，圆锥形或窄卵圆形有梗。种子卵圆形，微具3棱；种翅易脱落。原产美国东南部，我国长江以南普遍栽培。校内见于校友林北侧、松柏林和基础图书馆南侧等处。

15. 日本五针松　松科（Pinaceae）

Pinus parviflora **Siebold et Zucc.　　Japanese white pine**

高大乔木。幼时树皮平滑，成株后裂成鳞块脱落；枝平展，树冠圆锥形；冬芽卵圆形，无树脂。叶 5 针一束，微弯曲，边缘具细锯齿；背面无气孔线，有 2 个边生树脂道；腹面每侧有 3~6 条灰白色气孔线，中生树脂道或无；叶鞘早落。球果卵圆形或卵状椭圆形。原产日本，我国长江流域等地广泛栽培。校内见于松柏林、月牙楼南侧等处。

16. 黑松　松科（Pinaceae）

Pinus thunbergii **Parl.　　Japanese black pine**

乔木。树皮幼时暗灰色，老时灰黑色，裂成块片脱落，冬芽银白色。叶 2 针一束，长 6~12 cm，树脂道 6~11 个，中生。球果圆锥状卵圆形或卵圆形，有短梗，向下弯垂，熟时褐色；鳞脐微凹，有短尖刺。种子倒卵状椭圆形，灰褐色，长 5~7mm；花期 4—5 月，种子翌年 10 月成熟。原产日本、韩国，我国东部沿海及海岛引种栽培。校内见于校友林。

17. 金钱松　松科（Pinaceae）

Pseudolarix amabilis **(J.Nelson) Rehder　　golden larch**

落叶乔木，树皮灰褐色，裂成不规则的鳞片状。枝平展，树冠宽塔形。叶条形，扁平而柔软，长枝之叶辐射伸展，短枝之叶15~30枚簇状密生，秋后呈金黄色，圆如铜钱。球果卵圆形或倒卵圆形，长6~7.5cm，有短梗。种子卵圆形，白色。花期4月，球果10月成熟。我国特有孑遗植物，分布于长江流域。校内见于松柏林。

18. 异叶南洋杉　南洋杉科（Araucariaceae）

Araucaria heterophylla **(Salisb.) Franco　　Norfolk Island pine**

常绿乔木。树皮暗灰色；树冠塔形，大枝平展，小枝平展或下垂，侧枝成羽状排列，下垂。叶二型，幼枝及侧生小枝叶排列疏松，开展，钻形，向上弯曲；大树及花果枝上叶排列紧密，宽卵状或三角状卵形。雄球花单生枝顶，圆柱形；球果近椭圆形。种子椭圆形，具宽翅。原产大洋洲，我国引种栽培。校内见于农医图书馆2楼室内盆栽。

19. 竹柏　罗汉松科（Podocarpaceae）

Nageia nagi **(Thunb.) Kuntze　　nagi**

常绿乔木。树皮近平滑，红褐色或暗紫红色。叶对生，革质，卵状披针形。雄球花穗状圆柱形，总梗粗短，基部有少数三角状苞片；雌球花基部有数枚苞片，花后苞片不肥大成肉质种托。种子圆球形，成熟时假种皮暗紫色，有白粉，骨质外种皮黄褐，内种皮膜质。花期 3—4 月，种子 10 月成熟。分布于长江中下游以南地区。校内见于松柏林和校友林。

20. 罗汉松　罗汉松科（Podocarpaceae）

Podocarpus macrophyllus **(Thunb.) Sweet　　yew plum pine**

常绿乔木。树皮灰色或灰褐色，成薄片状脱落。叶线状披针形，微弯，螺旋状着生，有光泽。雌雄异株，偶同株。雄球花穗状，基部有数枚三角状苞片；雌球花单生，基部有少数苞片。种子卵圆形，熟时肉质假种皮紫黑色，有白粉，种托肉质圆柱形，红色或紫红色。花期 4—5 月，种子 8—9 月成熟。分布于华东至西南地区。校内见于松柏林、西区东侧和湖心岛等处。

21. 日本扁柏　柏科（Cupressaceae）

Chamaecyparis obtusa **(Siebold et Zucc.) Endl.　　hinoki false cypress**

常绿乔木。树皮光滑，红褐色，薄片状剥落；树冠尖塔形，生鳞叶的小枝条扁平成一平面；鳞叶肥厚,小枝下面之叶微被白粉。雄球花椭圆形，雄蕊 6 对,花药黄色。球果圆球形,熟时红褐色。种子近圆形,两侧有窄翅。原产日本，我国引种栽培。校内见于化学实验中心。

22. 日本柳杉　柏科（Cupressaceae）

Cryptomeria japonica **(Thunb. ex L.f.) D.Don　Japanese cedar**

常绿乔木。原产地高达 40m，树皮红褐色，裂成条片状脱落；大枝轮状着生，树冠尖塔形或卵状圆锥形，小枝微下垂。叶钻形,直而斜伸,先端不内曲,长 0.4~1.5cm。球果近球形，直径 1.5~2.5cm；种鳞 20~30 片，每一能育种鳞具种子 2~5 粒。花期 4 月，球果 10—11 月成熟。原产日本，我国引种栽培。校内见于东 2 教学区。

22a. 柳杉　柏科（Cupressaceae）

Cryptomeria japonica **var.** ***sinensis*** **Miq.**

日本柳杉的变种。与原种的区别在于：小枝细长，常下垂。叶先端向内弯曲；球果较小，直径 1.5~2cm，种鳞约 20 片，每一能育种鳞有种子 2 粒。分布于华东地区。校内见于云峰学园、化学实验中心。

23. 杉木　柏科（Cupressaceae）

Cunninghamia lanceolata **(Lamb.) Hook.　　Chinese fir**

常绿乔木。树皮灰褐色，裂成长条片脱落，内皮淡红色。叶披针形或条状披针形，革质、坚硬，长 2~6cm，边缘有细缺齿，先端渐尖。雄球花圆锥状，有短梗；雌球花单生或 2~3（~4）个集生，绿色，苞鳞横椭圆形，先端急尖，上部边缘膜质，有不规则的细齿，长宽几相等，约 3.5~4mm。球果内种子扁平，两侧边缘有窄翅。分布于秦岭以南至老挝、越南。校内见于金工实验中心西北角的树林中。

24. 墨西哥柏木　柏科（Cupressaceae）

***Cupressus lusitanica* Mill.　　cedar-of-Goa**

常绿乔木。树皮红褐色，纵裂；生鳞叶的小枝不排成平面，下垂；鳞叶蓝绿色，被蜡质白粉。球果圆球形，褐色，被白粉。种子有棱脊，具窄翅。原产中美洲，我国引种栽培。校内见于松柏林。

25. 圆柏　柏科（Cupressaceae）

***Juniperus chinensis* L.　　Chinese juniper**

常绿乔木。树皮深灰色或淡红褐色，长条状剥落；幼树树枝斜上伸展，树冠尖塔形，老树大枝平展，树冠广卵形或圆锥形。叶二型，幼树多刺形叶，老树全为鳞形叶，中龄树二者兼有；刺叶通常三叶轮生，具 2 条白粉带；鳞形叶交互对生，排列紧密。球果次年成熟，近圆球形，暗褐色，被白粉；种子 1~4 粒，种子卵圆形，扁，顶端钝，有棱脊。东亚分布，广泛栽培。校内另有 1 栽培品种。

25a. 龙柏　柏科 (Cupressaceae)

***Juniperus chinensis* 'Kaizuka'**

圆柏的园艺品种。其特点是：树冠圆柱状或柱状塔形；大枝扭转向上，小枝密集；叶全为鳞形，排列紧密。校内见于松柏林。

26. 铺地柏　柏科 (Cupressaceae)

***Juniperus procumbens* (Siebold ex Endl.) Miq.　　decumbent juniper**

匍匐灌木，高达 75cm。枝条沿地面扩展，褐色，密生小枝，枝梢及小枝向上伸展。刺形叶 3 叶轮生，线形披针状，有两条白粉气孔带，下面凸起，蓝绿色。果实近球形，被白粉，成熟时黑色，2~3 粒种子，种子有棱脊。原产日本，我国引种栽培。校内见于松柏林、校友林等处。

27. 水杉　柏科（Cupressaceae）

***Metasequoia glyptostroboides* Hu et W.C.Cheng　dawn redwood**

落叶乔木，高达 35m。树皮裂成薄片状脱落；一年生小枝绿色，无毛，二、三年生枝淡褐色或褐灰色；冬芽卵圆形或卵状椭圆形。叶线形，长 1~2cm，在侧生小枝上排成 2 列，呈羽状，冬季与枝一起脱落。球果近球形或四棱状球形，直径 1.5~2.5cm，下垂，熟时深褐色；种鳞通常 11~12 对交叉对生。花期 3 月，球果当年 10 月成熟。我国特有"活化石"植物，零散分布于湖北、湖南、重庆三省市交界地区，现世界各地广泛栽培。校内见于湖心岛附近等处。

28. 侧柏　柏科（Cupressaceae）

***Platycladus orientalis* (L.) Franco　oriental thuja**

常绿乔木，高达 20m。树皮薄，浅灰褐色，纵裂成条片；生鳞叶的小枝细，向上直展或斜展，扁平成一平面。雄球花黄色；雌球花蓝绿色，被白粉；球果近圆形，成熟前近肉质，蓝绿色，被白粉，成熟后木质，开裂，红褐色。花期 3—4 月，球果 10 月成熟。我国广泛分布和栽培。校内见于松柏林。

29. 落羽杉　柏科（Cupressaceae）

***Taxodium distichum* (L.) Rich.**　　**bald cypress**

落叶乔木。老树树干基部膨大，具膝状呼吸根，树皮棕灰色，长条片状剥落；枝条水平开展，树冠圆锥形；小枝排成 2 列。叶线性，基部扭转排成 2 列，羽状；叶脉在上面凹下，在下面凸起。球果近球形或卵圆形，具短梗，淡褐色，有白粉；种鳞木质，盾形；种子不规则三角形。花期 3—4 月，球果当年 10—11 月成熟。原产美国东南部，现广泛栽培。校内见于湖心岛附近。

29a. 池杉　柏科（Cupressaceae）

***Taxodium distichum* var. *imbricatum* (Nutt.) Croom**

pond cypress

落羽杉的变种。与原种的区别在于，叶锥形，不排成 2 列；大枝向上伸展。原产美国东南部，现广泛栽培。校内见于湖心岛附近。

30. 粗榧　红豆杉科（Taxaceae）

Cephalotaxus sinensis **(Rehder et E.H.Wilson) H.L.Li　Chinese plum yew**

常绿灌木或小乔木，少为大乔木，树皮灰色。叶条形，长 2~5cm，上表面深绿色，中脉明显，下表面有 2 条白色气孔带，较绿色边带宽 2~4 倍。雄球花 6~7 朵聚生成头状，基部有 1 枚苞片；雌蕊 4~11 枚。种子通常 2~5 个着生于轴上，卵圆形、椭圆状卵形或近球形。花期 3—4 月，种子 8—10 月成熟。分布于长江流域以南地区。校内见于生物实验中心楼下。

31. 南方红豆杉　红豆杉科（Taxaceae）

Taxus wallichiana **var.** ***mairei*** **(Lemée et H.Lév.) L.K.Fu et Nan Li**

西藏红豆杉的变种。常绿乔木，高达 20m。树皮浅纵裂。叶片多呈镰状，长 1.5~4cm，下面气孔带黄绿色，中脉带明晰可见，淡绿色或绿色，绿色边带也较宽而明显。种子长 6~8mm，微扁，呈倒卵圆形或椭圆状卵形，外面由红色肉质假种皮包被。种子 11 月成熟。分布于秦岭以南至南岭以北地区。校内见于校友林、松柏林等处。

32. 榧树　红豆杉科(Taxaceae)

Torreya grandis **Fortune ex Lindl.**

常绿乔木,高25~30m。树皮不规则纵裂。叶线形,通常直,长1.1~2.5cm,上面亮绿色,无隆起的中脉,下面淡绿色,气孔带与中脉带近等宽,绿色边带较气孔带宽约1倍。雌雄异株,稀同株;种子椭圆形、卵圆形或倒卵圆形,熟时假种皮淡紫褐色,有白粉。花期4月,种子翌年10月成熟。分布于长江中下游以南及西南地区。校内见于湖心岛。

三、被子植物
（Angiospermae）

  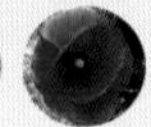

33. 水盾草　莼菜科（Cabombaceae）

Cabomba caroliniana **A.Gray　　Carolina fanwort**

多年生草本。茎分枝，幼嫩部分具短柔毛。沉水叶对生，圆扇形，裂片 3~4 次，二叉分裂成线形小裂片；浮水叶少数，在花枝顶端互生，叶片盾状着生，狭椭圆形。花单生，枝上部叶腋，花瓣绿白色，与萼片近等长或稍大，基部具爪，近基部具一对黄色腺体。花期 7—10 月。原产南美洲，在我国通常开花而不结实。校内见于湖心岛东侧水域。

34. 芡实　睡莲科（Nymphaeaceae）

Euryale ferox **Salisb.　　fox nut**

一年生大型水生草本。沉水叶箭形或椭圆肾形，长 4~10cm，两面无刺；叶柄无刺；浮水叶革质，椭圆肾形至圆形，盾状，全缘，两面在叶脉分枝处有锐刺；叶柄及花梗粗壮，长可达 25cm，皆有硬刺。花萼片内面紫色，外面密生稍弯硬刺；花瓣紫红色；浆果球形，外面密生硬刺；种子球形，黑色。花期 7—8 月。亚洲广布。校内见于湖心岛东侧水域。

35. 中华萍蓬草　睡莲科(Nymphaeaceae)

***Nuphar pumila* subsp. *sinensis* (Hand.-Mazz.) Padgett**　**least waterlily**

萍蓬草的亚种。多年生水生草本。根状茎肥厚块状。叶二型：浮水叶近革质，宽卵形，全缘，基部深裂成心形；沉水叶膜质。花黄色，单生，略挺出水面；萼片 5，花瓣状，革质；花瓣多数；雄蕊多数，花丝扁平；心皮多数合生成上位子房。浆果卵形，柱头和萼片宿存。花期 5—7 月。分布于华东地区。校内见于启真湖和药学院南侧水域。

36. 白睡莲　睡莲科(Nymphaeaceae)

***Nymphaea alba* L.**　**white waterlily**

多年生水生草本。根状茎匍匐。叶漂浮，纸质，近圆形，基部深弯缺，全缘或波状；叶柄长。花白色，单生于花梗顶端，漂浮；萼片 4，披针形；花瓣 20~25，外轮长于萼片，内轮渐小；雄蕊多数，外轮花瓣状，内轮丝状，柱头扁平。浆果扁平至半球形，种子椭球形。花期 6—8 月。原产欧洲，世界各地有栽培。校内见于生物实验中心水塘。

37. 蕺菜（鱼腥草） 三白草科（Saururaceae）

***Houttuynia cordata* Thunb.** **heart-leaved houttuynia**

多年生草本。有腥臭味。叶互生，薄纸质，心形，全缘，密生细腺点，下面紫红色，叶脉被柔毛；托叶膜质，下部与叶柄合生呈鞘状。穗状花序顶生；花小，无花被；雄蕊 3；雌蕊 1，由 3 枚下部合生的心皮组成。蒴果，顶端开裂。花期 5—8 月，果期 7—10 月。分布于东亚至南亚。校内见于校友林、松柏林、东区庭院等处林下。

38. 三白草 三白草科（Saururaceae）

***Saururus chinensis* (Lour.) Baill.** **lizard's tail**

多年生草本。茎直立。叶互生，厚纸质，密生腺点，阔卵形至卵状披针形，先端渐尖，基部心状耳形，基出脉 5~7；上部叶较小，位于花序下的叶常为乳白色花瓣状。总状花序白色，雄蕊 6。果实分裂为 4 个分果瓣，分果瓣近球形；种子球形。花期 4—7 月，果期 7—9 月。分布于东亚至东南亚。校内见于校友林南侧水边。

39. 草胡椒　胡椒科（Piperaceae）

***Peperomia pellucida* (L.) Kunth　　man to man**

一年生肉质草本。茎直立或基部有时平卧，下部节上常生不定根。叶互生，膜质，半透明，卵状心形或卵状三角形，长和宽近相等，叶柄长 1~2cm。穗状花序顶生，与叶对生；花疏生；苞片近圆形，中央有细短柄，盾状；花药近圆形，有短花丝；子房椭圆形，柱头顶生，被短柔毛。浆果球形，顶端尖。花期 4—7 月。分布于华南至西南地区。校内见于生命科学学院附近。

40. 马兜铃　马兜铃科（Aristolochiaceae）

***Aristolochia debilis* Siebold et Zucc.　　Chinese pipevine**

多年生草质藤本。叶片纸质，互生，卵状三角形至戟形，基部具 2 圆耳片，基出脉 5~7 条。花单生或 2 朵簇生于叶腋，花基部膨大呈球形；花被漏斗状，口部暗紫色。蒴果近球形，成熟时连同果梗一起开裂呈提篮状。花期 6—7 月，果期 9—10 月。分布于黄河以南地区及日本。校内见于西区北侧林下及纳米楼附近的紫荆丛中。

41. 厚朴　木兰科（Magnoliaceae）

Houpoea officinalis **(Rehder et E.H.Wilson) N.H.Xia et C.Y.Wu　　houpu magnolia**

落叶乔木，高达20m。树皮灰色，不裂；顶芽大，无毛。叶片大，近革质，常集生枝顶；全缘，基部楔形，先端具短急尖、圆钝或凹缺；叶片下面被灰色柔毛，有白粉。花白色，芳香；花梗粗短，被长柔毛；花被片9~12（17），厚肉质；最外轮3片淡绿色，盛开时向外反卷，最内轮盛开时直立。聚合果，蓇葖具喙。花期4—5月。分布于华中至西南地区。校内见于金工实验中心、湖心岛、东四庭院。原有亚种凹叶厚朴，叶先端凹缺，现并入原种。

42. 鹅掌楸（马褂木）　木兰科（Magnoliaceae）

Liriodendron chinense **(Hemsl.) Sarg.　　Chinese tulip tree**

落叶乔木，高达40m。茎具环状托叶痕，叶马褂状，叶近基部每边具1侧裂片，下面苍白色。花杯状，花被片9；外轮3片绿色，萼片状，外翻，内轮6片，花瓣状，直立，具黄色纵条纹；花时雌蕊群高于花被，黄绿色。聚合果，小坚果具翅，顶端钝。花期5月。分布于长江流域以南地区，各地常见栽培。校内见于校医院、灯光球场、图书馆。

43. 杂交鹅掌楸　木兰科（Magnoliaceae）

Liriodendron chinense* × *tulipifera

hybrid tulip tree

为鹅掌楸和北美鹅掌楸（*L. tulipifera*）的杂交种。树皮灰色，一年生枝灰色或灰褐色。叶两侧通常各1裂，向中部凹。花较大，鹅黄色，花杯状。花期4—5月。校内见于丹青学园。

44. 荷花玉兰（广玉兰）　木兰科（Magnoliaceae）

***Magnolia grandiflora* L.　　evergreen magnolia**

常绿高大乔木。树皮淡褐或灰色，薄鳞片状开裂。叶厚革质，椭圆形，先端钝或短钝尖，基部楔形；叶上面深绿色有光泽，下面褐色短绒毛。花白色，芳香；花被9~12，厚肉质；花丝紫色，雌蕊群密被长绒毛，花柱卷曲状。聚合果圆柱状长圆形，蓇葖背裂，种子红色。花期5—6月。原产美国东南部，长江流域以南广泛栽培。校内常见栽培。

45. 桂南木莲　木兰科（Magnoliaceae）

***Manglietia conifera* Dandy**

常绿高大乔木。树皮灰色，芽、嫩枝被红褐色短毛。叶革质，倒披针或倒卵状椭圆形，基部楔形，上面深绿无毛，下面灰绿，嫩叶被微硬毛或白粉，叶柄上具托叶痕。花单生枝顶，花梗细长，下垂，花被片通常 9~13，3 片每轮，外轮 3 片常绿色，质薄，内轮白色肉质。聚合果，蓇葖具疣点凸起。花期 5—6 月，果期 9—10 月。分布于华南至西南地区。校内见于东二庭院。

46. 木莲（乳源木莲）　木兰科（Magnoliaceae）

***Manglietia fordiana* Oliv.**

常绿高大乔木。芽、嫩枝被红褐色短毛，后脱落。叶革质，狭倒卵形，基部楔形，边缘稍内卷，下面疏生红褐色短毛，托叶痕半椭圆形。花单生枝端，花被片纯白色，外轮近革质，凹入，内轮较小，肉质。聚合果，蓇葖具粗点凸起。花期 5 月，果期 10 月。分布于我国南方地区至越南。校内见于西四庭院、生物实验中心。

47. 平伐含笑　木兰科(Magnoliaceae)

***Michelia cavaleriei* Finet et Gagnep.**

常绿乔木，高 10m。树皮灰白色，小枝黑色，芽、嫩枝、叶柄、花梗均被银灰色或红褐色平伏柔毛。叶薄革质，狭长圆形，下面苍白色，被银灰色或红褐色柔毛。叶柄上无托叶痕。花蕾苞片被红褐色平伏长柔毛，花被片纸质，约 12 片。蓇葖果具白色皮孔。花期 3 月，果期 9—10 月。分布于我国西南地区。校内见于金工实验中心西侧路边。

48. 乐昌含笑　木兰科(Magnoliaceae)

***Michelia chapensis* Dandy**

常绿乔木，15~20m。树皮灰至深褐色，小枝或嫩时被灰色微柔毛。叶薄革质，倒卵形，两面无毛，叶柄嫩时被微柔毛后脱落。花单生叶腋，花被片 6，淡黄色，芳香；花梗被毛。聚合果，蓇葖顶端具短细弯尖。种子红色。花期 3—4 月，果期 8—9 月。分布于我国南方地区至越南。校内常见栽培。

49. 含笑　木兰科（Magnoliaceae）

Michelia figo **(Lour.) Spreng.　　banana shrub**

常绿灌木，多分枝。芽、嫩枝、叶柄、花梗均密被黄褐色绒毛。叶革质，椭圆形，下面中脉留褐色平伏毛，叶柄有托叶痕。花淡黄色边缘有时红色或紫色，具甜浓芳香，花被片6，肉质肥厚。聚合果，蓇葖顶端有短尖的喙。花期3—5月。原产我国，世界热带至暖温带地区广泛栽培。校内常见栽培。

50. 金叶含笑　木兰科（Magnoliaceae）

Michelia foveolata **Merr. ex Dandy**

高大乔木，可达30m。叶长圆椭圆形，密被红褐色短柔毛，两侧不对称，叶柄无托叶痕。花被片9~12，淡黄色，基部略紫；雄蕊多数，约50枚，花丝深紫色；雌蕊柄长约雄蕊的两倍。蓇葖果长圆状椭圆体形。花期3—5月，果期9—10月。分布于我国南方地区至越南。校内见于西区及东四庭院。

51. 醉香含笑　木兰科（Magnoliaceae）

Michelia macclurei **Dandy**

常绿乔木，高 30m。树皮灰白色，光滑不开裂。叶革质，倒卵形或菱形，下面被灰色毛。叶柄上无托叶痕。花被片白色，通常 9 片，有时 2~3 朵成聚伞花序。雌蕊群柄密被褐色短绒毛。蓇葖果疏生白色皮孔，沿腹背二瓣开裂。花期 3—4 月，果期 9—11 月。分布于华南地区。校内见于生物实验中心楼下。

52. 深山含笑　木兰科（Magnoliaceae）

Michelia maudiae **Dunn**

常绿高大乔木。各部均无毛。芽、嫩枝、叶下面、苞片被白粉。叶革质，长圆状椭圆形。花梗绿色，具 3 环脱落痕；苞片淡褐色；花纯白色，基部稍淡红色，芳香，花被片 9 片，内轮渐狭小。聚合蓇葖果，具短突尖头。种子红色。花期 2—3 月，果期 9—10 月。分布于华东至华南地区。校内见于西区北侧树林、化学实验中心、生物实验中心等处。

53. 观光木　木兰科（Magnoliaceae）

Michelia odora **(Chun) Noot. et B.L.Chen**

常绿高大乔木。树皮淡褐色，具深皱纹；小枝、芽、叶面中脉、叶背和花梗均被黄棕色糙伏毛。叶厚膜质，倒卵状椭圆形，叶脉在叶面上凹陷。佛焰苞状苞片一侧开裂，被柔毛；花单生叶腋；花被片 9，象牙黄色，有红色小斑点，芳香。聚合果，外果皮干时具有明显黄色斑点。花期 3 月。原产我国华南、西南地区至越南。为纪念我国著名植物分类学家、浙江大学最早的植物学教授钟观光而得名。校内见于金工实验中心。

54. 野含笑　木兰科（Magnoliaceae）

Michelia skinneriana **Dunn**

乔木。叶革质，狭倒卵状椭圆形，基部楔形，上面深绿色，有光泽，下面被稀疏褐色长毛，托叶痕达叶柄顶端。花梗细长，花淡黄色，芳香。聚合果常因部分心皮不育而弯曲或较短，具细长的总梗；蓇葖黑色，球形或长圆形，具短尖的喙。花期 5—6 月，果期 8—9 月。分布于华东至华南地区。校内见于东二庭院。

55. 峨眉含笑　木兰科(Magnoliaceae)

Michelia wilsonii **Finet et Gagnep.**

常绿高大乔木。嫩枝绿色，被淡褐色稀疏平伏短毛。叶革质，倒卵形，下面灰白色，被白色光泽平伏短毛。花单生叶腋，黄色，芳香；花被片 9~12，略肉质，内轮花被片较狭小。聚合果，蓇葖紫褐色。花期 3—5 月。原产我国华中至西南地区。校内见于生物实验中心旁的水池周围。

56. 望春玉兰　木兰科(Magnoliaceae)

Yulania biondii **(Pamp.) D.L.Fu　　Biond's Magnolia**

落叶乔木，高达 12m。小枝灰绿无毛；顶芽密被淡黄色展开长柔毛。叶卵状披针形，边缘干膜质，下面嫩时被棉毛。花先叶开放，芳香，花被片 9，外轮 3 片紫红色，条形，呈萼片状，中内轮白色，外面基部常紫红色。聚合果，蓇葖具凸起瘤点。花期 3 月。原产我国华中地区。校内见于生物实验中心附近。

57. 玉兰　木兰科（Magnoliaceae）

***Yulania denudata* (Desr.) D.L.Fu　　lilytree**

落叶乔木。树皮深灰色，粗糙开裂；小枝灰褐色；冬芽及花梗密被淡灰黄色长绢毛。叶纸质，倒卵形、宽倒卵形；有环状托叶痕。花蕾卵圆形，花先叶开放；花梗密被淡黄色长绢毛；花被片9片，白色，基部常带粉红色。聚合蓇葖果。种子具有红色外种皮。花期2—3月。原产我国南方地区，世界温带地区广泛栽培。校园见于大食堂庭院、西迁纪念亭、化学实验中心。

58. 紫玉兰　木兰科（Magnoliaceae）

***Yulania liliiflora* (Desr.) D.L.Fu　　mulan magnolia**

落叶灌木。小枝紫褐色。叶倒卵形，叶上面嫩时疏生短柔毛，下面沿脉生短柔毛。花叶同时开放，稍有香，花被片9~12，外轮3片萼片状，紫绿色，常早落，内轮肉质，花瓣状，外面紫色，内面白色，雄蕊紫红色，雌蕊群淡紫色无毛。聚合蓇葖果深紫褐色。花期稍晚于白玉兰。原产我国西南地区。校内见于图书馆、生物实验中心。

59. 二乔玉兰　木兰科(Magnoliaceae)

***Yulania* × *soulangeana* (Soul.-Bod.) D.L.Fu**　　**saucer magnolia**

为玉兰和紫玉兰的杂交种。落叶小乔木。小枝无毛。叶纸质，倒卵形，上面基部中脉残留有毛，下面及叶柄略被柔毛。花先叶开放，花被片6~9，浅红色至深红色，内面白色，外轮被片更短；雌蕊群无毛；聚合蓇葖果，熟时黑色，具白色皮孔。种子深褐色。花期2—3月。校内常见栽培，另有其园艺品种"飞黄玉兰"，花淡黄色，花期较晚相区别。

60. 蜡梅　蜡梅科(Calycanthaceae)

***Chimonanthus praecox* (L.) Link**　　**wintersweet**

落叶灌木，高达4m。二年枝叶腋内具鳞芽。叶对生，卵状椭圆形至长圆披针形，上面粗糙。花单生叶腋，蜡黄色，芳香，无毛，具光泽，直径2~2.5cm。果托近木质化，坛状。花期11月至翌年2月，果期6月。原产我国南方地区，世界温带地区广泛栽培。校内常见栽培。

61. 樟　樟科（Lauraceae）

***Cinnamomum camphora* (L.) J.Presl**　　**camphor tree**

常绿大乔木。树皮黄褐色，有不规则的纵裂。叶互生，卵状椭圆形，边缘全缘，有时呈微波状，上面绿色或黄绿色，有光泽，离基三出脉。圆锥花序腋生；花绿白或带黄色。果卵球形或近球形，直径 6~8mm，成熟时紫黑色；果托杯状，长约 5mm。花期 4—5 月，果期 8—11 月。分布长江流域以南各省。校内常见栽培。杭州市市树。

62. 天竺桂　樟科（Lauraceae）

***Cinnamomum japonicum* Siebold**　　**Japanese Cinnamon**

常绿乔木。枝条细弱，圆柱形，红色或红褐色，具香气。叶近对生，卵圆状长圆形至长圆状披针形，革质，上面绿色，光亮，下面灰绿色，两面无毛，离基三出脉，中脉直贯叶端。圆锥花序腋生。果长圆形，长 7mm，宽达 5mm，无毛；果托浅杯状。花期 4—5 月，果期 7—9 月。分布于华东地区至日本、韩国。校内见于金工实验中心北侧树林、东六庭院。在 2016 年 1 月寒潮中全部冻死。

63. 薄叶润楠　樟科（Lauraceae）

Machilus leptophylla **Hand.-Mazz.**

常绿乔木。树皮灰褐色，枝粗壮，暗褐色，无毛。叶互生或在当年生枝上轮生，倒卵状长圆形，先端短渐尖，基部楔形，坚纸质，幼时下面全面被贴伏银色绢毛，老时上面深绿，无毛，下面带灰白色，脉上绢毛较密，后渐脱落。圆锥花序6~10个，花通常3朵生在一起，总梗、分枝和花梗略具微细灰色微柔毛。花被裂片几等长、白色，有透明油腺，长圆状椭圆形，先端急尖。果球形。分布于华东至西南地区。校内见于金工实验中心。

64. 刨花润楠　樟科（Lauraceae）

Machilus pauhoi **Kaneh.**

乔木。叶常集生小枝梢端，椭圆形或狭椭圆形，革质，上面深绿色，无毛，下面浅绿色，嫩时除中脉和侧脉外密被灰黄色贴伏绢毛，老时仍被贴伏小绢毛，中脉上面凹下。聚伞状圆锥花序生于当年生枝下部，与叶近等长。果球形，直径约1cm，熟时黑色。分布于华东至华南地区。校内见于校友林及体育馆马路对面。

65. 红楠　樟科（Lauraceae）

Machilus thunbergii **Siebold et Zucc.　　red machilus**

常绿中等乔木。枝条多而伸展，紫褐色，老枝粗糙，嫩枝紫红色。叶倒卵形至倒卵状披针形，革质，上面黑绿色，有光泽，中脉上面稍凹下，近基部略带红色。花序顶生或在新枝上腋生，多花。果扁球形，直径 8~10mm，初时绿色，后变黑紫色；果梗鲜红色。花期 2 月，果期 7 月。分布于华东、华南地区至日本、韩国。校内见于实验桑园附近及湖心岛。

66. 浙江楠　樟科（Lauraceae）

Phoebe chekiangensis **P.T.Li**

大乔木。树干通直，树皮淡褐黄色，薄片状脱落，具明显的褐色皮孔。叶革质，倒卵状椭圆形或倒卵状披针形，下面被灰褐色柔毛，中、侧脉下面凸起明显。圆锥花序长 5~10cm，密被黄褐色绒毛。果椭圆状卵形，熟时外被白粉；宿存花被片革质，紧贴。花期 4—5 月，果期 9—10 月。分布于福建、江西和浙江。校内见于湖心岛。本种与紫楠差别在于叶片较小，宿存花被片紧贴果基部。

67. 紫楠　樟科(Lauraceae)

***Phoebe sheareri* (Hemsl.) Gamble**

常绿乔木，高达20m。小枝、叶柄及花序密被黄褐色至灰黑色柔毛或绒毛。叶互生，革质；叶片倒卵形、椭圆状倒卵形或倒卵状披针形，长8~18（~27）cm，下面密被黄褐色长柔毛。圆锥花序腋生；花被片6枚、黄绿色。果卵形至卵圆形，长8~10mm，熟时黑色，宿存花被片不紧贴果实基部。花期4—5月，果期9—10月。分布于我国南方地区至越南。校内见于行政楼楼下。

68. 菖蒲　菖蒲科(Acoraceae)

***Acorus calamus* L.　　sweet flag**

多年生草本。根茎横走，分枝，外皮黄褐色，芳香，肉质根多数。叶基生，叶片草质，剑状线形，基部宽，中部以上渐狭。花序柄三棱形；叶状佛焰苞剑状线形；肉穗花序斜向上或近直立；花黄绿色。浆果长圆形，红色。花期6—9月。亚洲、欧洲、北美洲广布。校内见于启真湖、生物实验中心水边。

69. 金钱蒲　菖蒲科(Acoraceae)

Acorus gramineus **Aiton　　slender sweet flag**

多年生草本。根状茎较短细。叶片线形，长 10~30cm，宽不达 6mm，无中肋。叶状总苞长 3~9cm，常等长或短于肉穗花序；肉穗花序黄绿色，圆柱形。花两性。果黄绿色。花果期 5—8 月。分布于东亚至东南亚。校内见于大食堂、行政楼楼下。本种与菖蒲差别在于叶片较狭，无中肋。

70. 广东万年青　天南星科(Araceae)

Aglaonema modestum **Schott ex Engl.　　Chinese evergreen**

多年生常绿草本。茎直立，具披针形鳞叶。叶柄常 5~20cm，中部以下扩大成鞘；叶片卵形或卵状披针形。总花梗纤细；佛焰苞长圆状披针形，白或黄绿色；肉穗花序为佛焰苞的 2/3，上部为雄花，下部为雌花。浆果绿色至黄红色，长圆形，柱头宿存。花期 5 月，果期 6—11 月。原产我国华南地区至东南亚。校内见于室内盆栽。

71. 绿萝　天南星科(Araceae)

Epipremnum aureum **(Linden et André) G.S.Bunting　　Ceylon creeper**

多年生大型藤本,具气生根。茎节间具纵槽,幼枝鞭状。叶柄具革质鞘;叶片宽卵形,先端具短尖,有光泽,具浅黄色斑点或条纹。本种不易开花,易于无性繁殖。原产法属波利尼西亚,现归化于世界热带及亚热带地区,世界各地亦广泛栽培。校内见于生命科学学院玻璃大厅及室内盆栽。

72. 浮萍　天南星科(Araceae)

Lemna minor **L.　　common duckweed**

飘浮植物。叶状体对称,表面绿色,背面浅黄色或绿白色或常为紫色,近圆形,倒卵形或倒卵状椭圆形,全缘,长 1.5~5mm,宽 2~3mm,背面垂生丝状根 1 条,根白色,长 3~4cm,根冠钝头,根鞘无翅。叶状体背面一侧具囊,新叶状体于囊内形成浮出,以极短的细柄与母体相连,随后脱落。世界广布。校内见于各水域。

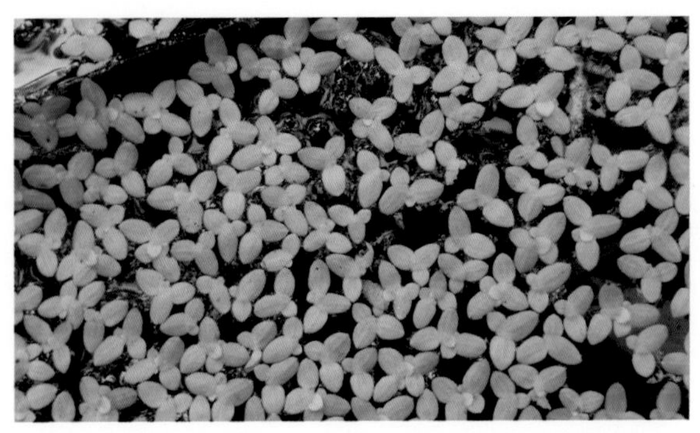

73. 龟背竹　天南星科（Araceae）

***Monstera deliciosa* Liebm.**　**Swiss cheese plant**

攀缘灌木。茎绿色，粗壮，具半圆形叶迹，具气生根。叶柄长常达1m；叶片大，轮廓为心状卵形，厚革质，具光泽，边缘羽状分裂，侧脉间有1~2个较大的空洞。花序柄长15~30cm，粗糙；佛焰苞厚革质，舟状；肉穗花序近圆柱形，淡黄色。浆果淡黄色。原产墨西哥至巴拿马，世界各地广泛栽培。校内见于生命科学学院玻璃大厅。

74. 羽叶喜林芋（春羽）　天南星科（Araceae）

***Philodendron bipinnatifidum* Schott ex Endl.**　**horsehead philodendron**

多年生常绿草本。茎木质，粗壮，具明显眼状叶痕及电线状气生根。叶柄长，光滑；叶大，可达1.5m，革质，羽状深裂，下垂，深绿色。佛焰苞内面为白色，外面为绿色，大而直立；肉穗花序白色。原产南美洲，世界热带至暖温带地区广泛栽培。校内见于生命科学学院玻璃大厅。

75. 半夏　天南星科(Araceae)

***Pinellia ternata* (Thunb.) Makino　　crowdipper**

多年生草本，高 10~30cm。块茎圆球形，直径 1~2cm，具须根。叶柄具鞘；叶基生，老株叶片 3 全裂，绿色，裂片披针形或长椭圆形。总花梗 20~30cm，长于叶柄；佛焰苞绿色，管部狭圆形；肉穗花序。花单性同株，无被；附属物绿色至带紫色，鼠尾状。浆果卵圆形，黄绿色。花期 5—7 月，果期 7—8 月。分布于东亚，归化于欧洲和北美洲。校内见于校友林林下及农医图书馆等处的路边草丛中。

76. 紫萍　天南星科(Araceae)

***Spirodela polyrrhiza* (L.) Schleid.　　greater duckweed**

飘浮植物。叶状体扁平，阔倒卵形，表面绿色，背面紫色(与浮萍相区别)，背面中央生 5~11 条根，根长 3~5cm，白绿色，根冠尖，脱落；根基附近的一侧囊内形成圆形新芽，萌发后，幼小叶状体渐从囊内浮出，由一细弱的柄与母体相连。世界广布。校内见于各水域。

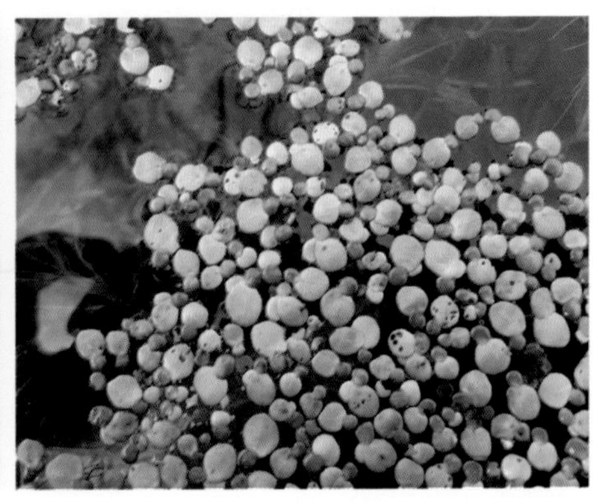

77. 犁头尖　天南星科（Araceae）

Typhonium blumei **Nicolson et Sivad.**

多年生草本。块茎褐色，近球形。叶柄长 20~40cm；叶片纸质，戟状三角形，中脉两面隆起。花序从叶腋抽出；佛焰苞管部绿色，卵形，檐部深紫色，卷曲长角状；肉穗花序无柄；附属物深紫色，鼠尾状，长 10~13cm。浆果倒卵形。花期 5—7 月。分布于东亚至东南亚。校内见于生命科学学院玻璃大厅。

78. 东方泽泻　泽泻科（Alismataceae）

Alisma orientale **(Sam.) Juz.　　oriental water plantain**

多年生沼生草本。有块茎。叶多数；挺水叶宽披针形或椭圆形，叶柄长而粗壮。花葶高 10~70cm，伞形花序常 5~7 轮分枝，集成大型圆锥花序。花两性；萼片卵形，边缘膜质；花瓣近圆形，大于外轮，白色、淡红色，稀黄绿色；蕊 6；心皮多数，排成一轮。瘦果椭圆形。种子紫红色。花果期 6—9 月。分布于东亚至东南亚。校内见于东区水边及护校河边。

79. 矮慈姑　泽泻科（Alismataceae）

Sagittaria pygmaea **Miq.**　　**pygmy arrowhead**

沼生草本。具匍匐茎和小球茎。叶条形或条状披针形。花葶高10~25cm，挺出水面，呈疏总状花序。花单性同株；萼片绿色；花瓣白色；雄花2~5朵，生于花序上部；雌花1朵，生于花序最下部。瘦果扁平，两侧有薄翅。花果期6—10月。分布于东亚至东南亚。校内见于湿地及农业试验田。

80. 华夏慈姑（慈姑）　泽泻科（Alismataceae）

Sagittaria trifolia **subsp.** ***leucopetala*** **(Miq.) Q.F.Wang**　　**threeleaf arrowhead**

野慈姑的亚种。多年生挺水草本。匍匐茎顶端膨大成球茎。叶基生；沉水叶线形，挺水的叶片剑形，较原种宽大肥厚，顶裂片宽卵形，侧裂片披针形。叶柄三棱形。花茎自叶丛抽出；花单性，常3朵成轮排列成总状花序再组成圆锥花序，雄花在上，雌花在下；花瓣白色；雄花花药黄色；雌花心皮离生，集成球形。瘦果扁平，具翅。花期6—9月，果期9—10月。中国、日本、韩国有栽培。校内见于东区水边。

81. 黑藻　水鳖科（Hydrocharitaceae）

***Hydrilla verticillata* (L.f.) Royle　　Esthwaite waterweed**

多年生沉水草本，全株无毛。茎纤细，多分枝。叶 3~6 枚轮生，叶片线状披针形，两面暗绿色，常具红褐色小斑点和短条纹，中脉明显。花小，单性，腋生；雌雄同株或异株；雄花成熟后自佛焰苞内放出，漂浮于水面开花；雌佛焰苞管状，绿色，苞内雌花 1 朵。果实长圆柱形，长约 7mm；种子 2~6，表面有尖刺。花果期 5—10 月。世界广布。校内见于各水域。

82. 水鳖　水鳖科（Hydrocharitaceae）

***Hydrocharis dubia* (Blume) Backer　　frogbit**

多年生浮水草本，全株无毛。须根丛生，有密集的羽状根毛。茎匍匐。叶基生或在匍匐茎顶端簇生，浮水或挺出水面；叶片卵状心形或肾形，全缘，下面中央有一海绵质的飘浮气囊组织。雄花 2~3 朵，同生于佛焰苞内；雌花单生于佛焰苞内。果肉质，卵球形。种子多数，表面有刺毛。花果期 6—11 月。分布于亚洲至澳大利亚。校内见于南华园湿地、生物实验中心水塘。

83. 菹草　眼子菜科（Potamogetonaceae）

***Potamogeton crispus* L.**　　**curled pondweed**

多年生沉水草本。具细长的根状茎。茎稍扁，多分枝。叶线形或宽线形，长 4~10cm，先端钝圆，叶缘多少呈浅波状，托叶薄膜质，早落。穗状花序顶生，长 1~1.5cm，开花时伸出水面。花小，花被片 4，淡绿色。果实宽卵形。花果期 4—7 月。世界广布。校内见于大食堂庭院及东区水域。

84. 薯蓣　薯蓣科（Dioscoreaceae）

***Dioscorea polystachya* Turcz.**　　**Chinese yam**

多年生缠绕藤本。块茎长圆柱状，断面干时白色。茎右旋，无毛，具细纵槽。单叶，茎上部对生，下部互生，三角状心形。花单性，雌雄异株；花被淡黄色，雄蕊 6，雌花具 2 苞片。蒴果三棱状球形。种子具膜质翅。花期 6—9 月，果期 7—11 月。分布于中国、日本、韩国。校内见于校友林林下，蓝田学园曾有人栽种。

85. 菝葜　菝葜科（Smilacaceae）

***Smilax china* L.　　China root**

攀缘灌木。根茎粗壮。茎长 1~3m，具疏刺。叶片厚纸质至薄革质，近圆形、卵形或椭圆形，具 3~5（~7）条主脉；叶柄具卷须，翅状鞘长为叶柄的 1/2~4/5。伞形花序具多花。花黄绿色。浆果球形，熟时红色，有时具白粉。校内见于校友林林下。

86. 老鸦瓣　百合科（Liliaceae）

***Amana edulis* (Miq.) Honda**

多年生草本。鳞茎卵形，内面密被长柔毛。茎下部具 1~2 叶，线形；苞叶通常为 2 枚对生。花白色；花瓣短于 3cm，背面有紫红色纵条纹；雄蕊 3 长 3 短，中部稍扩大。花期 3—4 月，果期 4—5 月。分布于华东、华中地区至日本、韩国。校内见于校友林林下。

87. 白及 兰科(Orchidaceae)

Bletilla striata **(Thunb.) Rchb.f.** **hyacinth orchid**

多年生草本。假鳞茎扁球形，具荸荠环纹，富黏性。茎粗壮，直立。叶3~9枚，互生，狭长圆形至线形，基部收狭成鞘状抱茎。总状花序顶生；花序轴“之”字状曲折；花苞早落；花大，艳丽；萼片离生，花瓣状；唇瓣三裂或不裂，白色带紫红色；蕊柱具狭翅；花药2室；花粉块8。花期4—5月。分布于中国、日本、韩国和缅甸。校内偶见栽培。

88. 绶草 兰科(Orchidaceae)

Spiranthes sinensis **(Pers.) Ames** **Chinese lady's tresses**

多年生草本。根肉质。茎直立；较短。近基生叶2~5枚，微肉质，宽线形至线状披针形，基部呈柄状鞘抱茎，上部叶苞片状。花茎直立，穗状花序密生的螺旋状排列的小花；花苞片紫色至白色；萼片与花瓣靠合呈兜状；唇瓣基部凹陷呈浅囊状，囊内具2枚胼胝体；花柱短。花期5—6月。分布于亚洲和澳大利亚。校内见于校友林、启真湖、农医图书馆等处的草坪上。

89. 射干　鸢尾科（Iridaceae）

***Iris domestica* (L.) Goldblatt et Mabb.　blackberry lily**

多年生草本。根状茎粗壮，鲜黄色，呈不规则的结节状。叶互生，嵌叠状排列，剑形，基部鞘状抱茎，先端渐尖。花序顶生，叉状分枝，每个分枝的顶端有数朵花聚生。花橙红色，散生暗红色或紫褐色斑点，直径 4~5cm。蒴果倒卵形或长椭圆形，顶端常宿存凋萎花被。种子圆球形，黑色，有光泽。花期 6—8 月，果期 7—9 月。分布于东亚至东南亚。校园见于花坛栽培。

90. 玉蝉花　鸢尾科（Iridaceae）

***Iris ensata* Thunb.　Japanese iris**

多年生草本。叶基生，线形，长 30~80cm，宽 0.5~1.2cm，基部鞘状，两面中脉明显。花深紫色；花被管呈漏斗形，外轮花被裂片倒卵形，爪部细长，中央下陷呈沟状，中脉上有黄色斑纹。蒴果长椭圆形，具 6 条明显的肋，顶端具喙，成熟时自上而下裂至 1/3 处。花期 6—7 月，果期 8—9 月。分布于山东、浙江及东北亚。校内见于湖心岛附近水边。

91. 蝴蝶花　鸢尾科(Iridaceae)

Iris japonica **Thunb.**　　**fringed iris**

多年生草本。叶基生，叶片暗绿色，有光泽，近地面处带紫红色，剑形，中脉不明显。花茎直立，高于叶片，顶生稀疏总状聚伞花序，分枝 5~12 个，呈总状排列；花淡蓝色或淡紫色；外轮花被边缘波状，有细齿裂，中脉上有黄色的鸡冠状附属物。蒴果倒卵圆柱形，成熟时自顶端开裂至中部。花期 3—4 月，果期 5—6 月。分布于中国、日本和缅甸。校内见于金工实验中心附近。

92. 黄菖蒲　鸢尾科(Iridaceae)

Iris pseudacorus **L.**　　**yellow iris**

多年生草本。叶灰绿色，宽剑形，顶端渐尖，基部鞘状，色淡，中脉明显。花茎粗壮，高 60~70cm，直径 4~6mm，具明显的纵棱；花黄色，外花被裂片卵圆形或倒卵形，爪部狭楔形，中央下陷呈沟状，有黑褐色的条纹；花药紫黑色，花丝黄白色。花期 5 月，果期 6—8 月。原产欧洲、西亚和非洲西北部，世界温带地区广泛栽培。校内见于启真湖各处水边。

93. 西伯利亚鸢尾　鸢尾科（Iridaceae）

***Iris sibirica* L.**　**Siberian flag**

多年生草本。叶灰绿色，条形，顶端渐尖，无明显的中脉。花茎40~60cm，高于叶片，有1~2枚茎生叶；花蓝紫色，外花被裂片倒卵形，上部反折下垂，爪部宽楔形，中央下陷呈沟状，有褐色网纹及黄色斑纹，无附属物；花药紫色，花丝淡紫色。蒴果长圆柱形。花期4—5月，果期6—7月。原产欧洲和中亚。校内见于湖心岛附近水边。

94. 鸢尾　鸢尾科（Iridaceae）

***Iris tectorum* Maxim.**　**wall iris**

多年生草本。叶基生，黄绿色，稍弯曲，中部略宽，剑形，具数条不明显的纵脉。花茎光滑，几与基生叶等长；花蓝紫色，较大，外轮花被裂片倒卵形，中脉上有1行白色带紫纹不规则的鸡冠状附属物；花药鲜黄色，花丝细长，白色。蒴果长圆形至椭圆形，具6条明显的肋，成熟时自上而下3瓣裂。花期4—5月，果期6—8月。分布于中国、日本、韩国。校内见于东区竹园。

95. 萱草　黄脂木科(Xanthorrhoeaceae)

***Hemerocallis fulva* (L.) L.　　orange daylily**

多年生草本。叶基生，叶片宽线形至线状披针形，通常鲜绿色。花葶高可达 1.2m，其上具有少数无花的苞片；圆锥花序近 2 歧蜗壳状。花大型，橘红色至橘黄色，无香气，近漏斗状；内花被裂片下部一般有“∧”形采斑。蒴果长圆形，具钝 3 棱。种子黑色，有棱角。花期为 6—8 月；通常清晨开放，当日傍晚凋谢。分布于中国、印度、日本、韩国和俄罗斯。校内见于校友林、启真湖边、生物实验中心等地。

96. 薤白　石蒜科(Amaryllidaceae)

***Allium macrostemon* Bunge　　wild onion**

多年生草本。鳞茎近圆球形，外层鳞茎外皮带黑色，膜质或纸质。叶 3~5 枚，无柄。叶片半圆柱状或三棱状线形，直径 1~2mm，中空，上面具沟槽。花葶圆柱状，实心，高 30~90cm，下部为叶鞘所包裹；伞形花序半球形至球形，密聚暗紫的珠芽。花期 5—6 月。分布于东亚至东北亚。校内偶见于各处麦冬丛中。

97. 中国石蒜　石蒜科（Amaryllidaceae）

***Lycoris chinensis* Traub**　　**yellow surprise lily**

鳞茎卵球形。春季出叶，带状，宽约 2cm，顶端圆，绿色，中间淡色带明显。花茎总苞片 2 枚，倒披针形；伞形花序有花 5~6 朵；花黄色；花被裂片背面具淡黄色中肋，倒披针形，强度反卷和皱缩，花被筒长约 1.7~2.5cm ；雄蕊与花被近等长或略伸出花被外，花丝黄色；花柱上端玫瑰红色。花期 7—8 月，果期 9 月。分布于河南、江苏、浙江。校内见于校友林林下及西四北侧。

98. 长筒石蒜　石蒜科（Amaryllidaceae）

***Lycoris longituba* Y.Hsu et Q.J.Fan**　　**long tube surprise lily**

鳞茎卵球形。早春出叶，叶披针形，一般宽 1.5cm，最宽处达 2.5cm，顶端渐狭、圆头，绿色，中间淡色带明显。花茎总苞片 2 枚，披针形，顶端渐狭；伞形花序有花 5~7 朵；花白色；花被裂片腹面稍有淡红色条纹，长椭圆形，顶端稍反卷，边缘不皱缩；雄蕊略短于花被；花柱伸出花被外。花期 7—8 月。原产江苏。校内见于校友林林下。

99. 石蒜　石蒜科（Amaryllidaceae）

Lycoris radiata **(L'Hér.) Herb.　　red spider lily**

多年生草本。鳞茎近球形。秋季出叶，次年夏季枯死，叶狭带状，宽约0.5cm。花葶在叶前抽出，高约30cm，伞形花序有4~7朵花。花鲜红色；花被片6，狭倒披针形，强烈皱缩并向外卷曲；雄蕊6，比花被长出1倍；子房下位。花期8—10月，果期10—11月。分布于中国、日本、韩国和尼泊尔。校内常见栽培。

100. 紫娇花　石蒜科（Amaryllidaceae）

Tulbaghia violacea **Harv.　　society garlic**

多年生草本。鳞茎肥厚，球形。叶为半圆柱形，中央稍空，狭长线形；叶鞘长5~20cm。花茎直立，30~60cm，伞形花序。花被淡紫色；雄蕊生于花被基部；花柱外露，柱头小，不分裂。蒴果三角形。花期5—7月。茎叶均有韭味。原产南非。校内见于湖心岛栽培。

101. 葱莲　石蒜科（Amaryllidaceae）

Zephyranthes candida **(Lindl.) Herb.　　Peruvian swamp lily**

多年生草本。鳞茎卵形，直径约2.5cm。叶狭线形，肥厚，与花同时抽出。花茎中空，花单生于花茎顶端，具带褐红色的佛焰苞状总苞。花白色；花被片6，长3~5cm，近喉部常有小鳞片；子房下位，柱头微3裂。蒴果近球形。花期8—11月。原产墨西哥，我国南方广泛栽培。校内见于西区、生物实验中心水塘边等处。

102. 蜘蛛抱蛋　天门冬科（Asparagaceae）

Aspidistra elatior **Blume　　common aspidistra**

草本。叶单生，直立，矩圆状披针形、披针形至近椭圆形，长22~46cm，宽8~11cm，先端渐尖，基部楔形，边缘多少皱波状，两面绿色，有时稍具黄白色斑点或条纹；叶柄明显，粗壮，长5~35cm。花靠近地面，紫色，肉质，钟状。花期5—6月。原产日本，我国各地广泛栽培。校内见于生物实验中心、生命科学学院玻璃大厅。

103. 绵枣儿　天门冬科(Asparagaceae)

Barnardia japonica **(Thunb.) Schult. et Schult.f.　　Japanese jacinth**

鳞茎卵形或近球形，鳞茎皮黑褐色。基生叶通常 2~3 枚，狭带状，长 4~15cm，宽 5~7mm，柔软。花葶常于叶枯萎后生出，通常 1 枚，稀 2 枚；总状花序长 3~12cm，具多数花；花小，紫红色、粉红色至白色。果近倒卵形。种子 1~3 颗，黑色。花果期 9—10 月。分布于东亚至东北亚。校内见于东区草地。

104. 朱蕉　天门冬科(Asparagaceae)

Cordyline fruticosa **(L.) A.Chev.　　tiplant**

直立灌木，高 1~3m。茎粗 1~3cm。叶矩圆形至矩圆状披针形，聚生于茎或枝的上端，绿色或带紫红色，叶柄有槽，抱茎。圆锥花序长 30~60cm。花淡红色、青紫色至黄色，长约 1cm；花梗短。浆果。花期 11 月至次年 3 月。原产太平洋岛屿，世界热带地区广泛栽培。校内见于生命科学学院玻璃大厅。

105. 香龙血树（巴西木） 天门冬科（Asparagaceae）

Dracaena fragrans **(L.) Ker Gawl.　　fragrant dracaena**

灌木或乔木。茎不分枝，直径最粗可达30cm。叶条形至倒披针形，无柄，抱茎，丛生于茎顶，叶尖锥形，叶缘呈波状起伏。圆锥花序，直立，稀下垂，长15~160cm。花小，极香，花被片6。浆果橘黄色或红色，直径1~2cm，含数枚种子。原产热带非洲，世界热带地区广泛栽培。校内见于图书馆等处的室内盆栽。

106. 玉簪　天门冬科（Asparagaceae）

Hosta plantaginea **(Lam.) Asch.　　fragrant plantain lily**

多年生草本。叶基生，叶片卵状心形、卵形或卵圆形，具6~10对侧脉；叶柄长20~40cm。花葶高40~80cm，总状花序具数朵至十余朵花；花单生或2~3朵簇生，白色，芳香。蒴果圆柱状，有三棱，长约6cm，直径约1cm。花果期8—10月。原产我国，世界各地广泛栽培。校内偶见栽培。

107. 紫萼　天门冬科(Asparagaceae)

Hosta ventricosa **Stearn**　　**blue plantain lily**

多年生草本。叶基生,叶片卵状心形、卵形至卵圆形,具7~11对侧脉;叶柄长6~30cm。花葶高30~60cm,总状花序具10~30朵花;花单生,淡紫色,无香味。蒴果近圆柱状,有三棱,长约3cm,直径约8mm。花果期8—10月。原产我国,世界各地广泛栽培。校内见于校友林、东区庭院等处。本种与玉簪差别在于花较小,淡紫色。

108. 风信子　天门冬科(Asparagaceae)

Hyacinthus orientalis **L.**　　**garden hyacinth**

多年生草本。鳞茎卵形,有膜质外皮。叶4~8枚,狭披针形,肉质,上有凹沟,绿色有光泽。花茎肉质,略高于叶,总状花序顶生,花5~20朵;花被筒长,基部膨大,裂片长圆形、反卷。蒴果。花期3—4月。原产亚洲西南部,世界温带地区广泛栽培。校内见于花坛栽培和室内盆栽。

109. 阔叶山麦冬　天门冬科（Asparagaceae）

Liriope muscari **(Decne.) L.H.Bailey　big blue lilyturf**

多年生草本。叶密集成丛，叶片宽线形，具 9~11 条脉，有明显的横脉，边缘几不粗糙。花葶长于叶，长 45~100cm；总状花序长 2~45cm，花多数。花紫色或紫红色，4~8 朵簇生于苞片腋内。种子近圆球形，小核果状，初期绿色，成熟时变黑紫色。花期 7—8 月，果期 9—10 月。原产东亚，世界温带地区广泛栽培。校内常见栽培，另有园艺品种"金边阔叶山麦冬"。

110. 山麦冬　天门冬科（Asparagaceae）

Liriope spicata **Lour.　creeping liriope**

多年生草本。叶禾叶状，宽 4~6 mm，具 5 条脉，中脉比较明显，边缘具细锯齿。花葶通常长于或几等长于叶，少数稍短于叶；总状花序长 6~15cm，具多数花；花淡紫色或淡蓝色，通常 3~5 朵簇生于苞片腋内。种子近球形，小核果状。花期 6—8 月，果期 9—10 月。原产东亚，我国各地广泛栽培。校内见于小剧场、金工实验中心等处。

111. 麦冬（沿阶草） 天门冬科（Asparagaceae）

Ophiopogon japonicus **(Thunb.) Ker Gawl.　　dwarf lilyturf**

多年生草本。根状茎粗，中间或近末端常膨大成椭圆形。叶基生成丛，禾叶状。花葶从叶丛中抽出，远短于叶，具明显狭翼；总状花序长2~7cm，略下弯。花紫色或淡紫色。种子圆球形，熟时暗蓝色。花期6—7月，果期7—8月。原产东亚，我国各地广泛栽培。校内常见栽培。

112. 吉祥草 天门冬科（Asparagaceae）

Reineckea carnea **(Andrews) Kunth**

多年生草本。根状茎细长横走，蔓延于地面。叶簇生，条形至披针形。花葶侧生，远短于叶；穗状花序2~8cm。花淡红色或淡紫色，芳香；花短管状，上部6裂，开花时裂片反卷。浆果球形，熟时鲜红色。花果期10—11月。原产我国南方地区和日本。校内常见栽培。

113. 万年青　天门冬科（Asparagaceae）

***Rohdea japonica* (Thunb.) Roth　　Japanese sacred lily**

多年生草本。根状茎粗壮。叶基生，成两列重叠，厚纸质。花葶短于叶；穗状花序具几十朵密生的花。花淡黄色；花瓣合生成筒状；花丝短而不明显；柱头膨大 3 裂。浆果圆球形，熟时红色。花期 6—7 月，果期 8—10 月。原产东亚，我国各地广泛栽培。校内见于体育馆马路对面。

114. 凤尾丝兰　天门冬科（Asparagaceae）

***Yucca gloriosa* L.　　Spanish dagger**

多年生常绿木本。叶近莲座状排列，剑形，长 40~80cm，坚硬而顶端成刺。花葶高 1~2m圆锥花序。花大型，白色至淡黄色，近钟形，下垂；花被 6，近卵状菱形。花期 9—11 月。原产美国东南部，世界亚热带至温带地区广泛栽培。校内常见栽培。

115. 秀丽竹节椰（袖珍椰子） 棕榈科（Arecaceae）

***Chamaedorea elegans* Mart.** **dwarf mountain palm**

丛生灌木。茎干细长直立，不分枝，有不规则环纹。叶顶生；羽状复叶，全裂，裂片宽披针形，小叶羽状。肉穗状花序腋生；雌雄同株；雄花序稍直立，雌花序稍下垂；花黄色呈小珠状。浆果卵圆形，成熟时橙红色至黄色。原产中美洲，世界各地广泛栽培。校内见于农医图书馆等处的盆栽。

116. 散尾葵 棕榈科（Arecaceae）

***Dypsis lutescens* (H.Wendl.) Beentje et J.Dransf.** **bamboo palm**

丛生常绿灌木，基部略膨大，具明显环纹状叶痕。叶羽状全裂，黄绿色，被蜡质白粉；叶鞘长而略膨大。圆锥花序生于叶鞘之下，2~3 次分枝；花小，卵球形，金黄色，螺旋状着生于小穗轴上；花单性；萼片 3；花瓣 3；雄蕊 6；花柱短而粗。果实陀螺形至倒卵形。原产马达加斯加，世界各地广泛栽培。校内见于生物实验中心等处的盆栽。

117. 加那利海枣 棕榈科（Arecaceae）

***Phoenix canariensis* Chabaud Canary Island date palm**

高大乔木。茎秆粗壮，具波状叶痕。羽状复叶，顶生丛出，较密集；小叶多数，狭条形至针刺状，基部具黄褐色网状纤维。穗状花序腋生，较长。花小，黄褐色。浆果，卵球形至长椭圆形，熟时黄色至淡红色。原产加那利群岛，世界亚热带地区广泛栽培。校内见于云峰学园、藕舫中路。

118. 软叶刺葵 棕榈科（Arecaceae）

***Phoenix roebelenii* O'Brien miniature date palm**

常绿灌木。茎单生或丛生，茎上三角状叶柄基部宿存。叶羽状全裂；下部裂片退化为软刺。肉穗花序生于叶丛中，佛焰苞顶端2裂。花雌雄异株，雄花与佛焰苞等长；花瓣3片；雄蕊6枚；雌花短于佛焰苞。果长矩圆形。花期4—5月，果期6—9月。原产东南亚，世界热带至亚热带地区广泛栽培。校内见于生命科学学院玻璃大厅。

119. 棕榈　棕榈科 (Arecaceae)

Trachycarpus fortunei **(Hook.) H.Wendl.　　Chinese windmill palm**

常绿乔木，植株高大。茎圆柱形，有环纹，老叶柄基部残存。叶掌状深裂；裂片多数，条形，坚硬，顶端浅 2 裂，钝头；叶柄坚硬，具 3 棱；叶鞘纤网状维质，宿存。肉穗花序排成圆锥式；总苞多数,革质。花小，黄白色，雌雄异株。核果肾状球形。花期 4 月，果期 12 月。原产中国、印度、日本和缅甸,各地广泛栽培。校内常见栽培。

120. 丝葵　棕榈科 (Arecaceae)

Washingtonia filifera **(Linden ex André) H.Wendl. ex de Bary　　California fan palm**

叶常簇生于顶，斜上或水平伸展，下放的下垂，灰绿色，掌状中裂，圆形或扇形折叠，边缘具有白色丝状纤维。肉穗花序，多分枝；花小，白色；核果椭圆形，熟时黑色。花期 6—8 月。原产美国西南部至巴哈加利福利亚。校内见于小剧场、东区庭院。

121. 饭包草　鸭跖草科（Commelinaceae）

***Commelina benghalensis* L.**　**Benghal dayflower**

多年生草本。茎大部分匍匐。叶卵形，长 3~7cm，有明显的叶柄。总苞片漏斗状，柄极短。花序下面一枝具细长梗，有 1~3 朵不孕的花，伸出佛焰苞，上面一枝有数朵可育花，不伸出佛焰苞；萼片膜质；花瓣蓝色。蒴果椭圆状。种子黑色。花期夏秋。分布于亚洲和非洲的热带至亚热带地区。校内见于校友林、生物实验中心。

122. 鸭跖草　鸭跖草科（Commelinaceae）

***Commelina communis* L.**　**Asiatic dayflower**

一年生披散草本。茎匍匐生根。叶披针形至卵状披针形，长 3~9cm。聚伞花序单生顶端，总苞佛焰苞状，心状卵形，折叠；萼片膜质；后方两枚花瓣较大，蓝色，具爪，前方 1 枚较小，白色。蒴果椭圆形。种子棕黄色。药用。分布于东亚至东南亚。校内见于各阴湿处，为常见杂草。本种与饭包草差别在于叶无柄或无几柄，植株无明显毛被。

123. 疣草　鸭跖草科(Commelinaceae)

***Murdannia keisak* (Hassk.) Hand.-Mazz.　　wartremoving herb**

多年生草本。根状茎具叶鞘，节上具细长须根。叶片竹叶形，无柄，长 2~6cm。花序通常仅有 1 朵花。萼片绿色，6~10mm；花瓣粉红色，紫红色或蓝紫色，倒卵圆形，稍长于萼片；花丝密生长须毛。蒴果狭长，两端渐至急尖，长 8~10mm。种子红灰色。花期 8—9 月。分布于东亚。校内见于西区大草坪附近水边。

124. 裸花水竹叶　鸭跖草科(Commelinaceae)

***Murdannia nudiflora* (L.) Brenan　　nakedstem dewflower**

一年生草本。根须状。茎多条自基部发出，下部节上生根。叶片禾叶状或披针形，几乎全部茎生，长 2.5~10cm。蝎尾状聚伞花序数个，排成顶生圆锥花序或仅单个。萼片草质；花瓣紫色，长约 3mm；能育雄蕊 2 枚，不育雄蕊 2~4 枚，花丝下部有须毛。蒴果卵圆状三棱形。种子黄棕色。花果期 8—9 月。分布于东亚至东南亚。校内见于校友林路边。

125. 紫竹梅　鸭跖草科（Commelinaceae）

***Tradescantia pallida* (Rose) D.R.Hunt　　purple-heart spiderwort**

多年生草本，全株呈紫色。茎下部匍匐，可长达 5m。叶长圆形或长圆状披针形，长 7~15cm。聚伞花序缩短，近头状花序；总苞片 2，舟状。萼片膜质；花瓣淡紫色。花期 6—11 月。原产墨西哥，世界各地广泛栽培。校内见于花坛栽培和生科院玻璃大厅。

126. 鸭舌草　雨久花科（Pontederiaceae）

***Monochoria vaginalis* (Burm.f.) C.Presl　　heartshape false pickerelweed**

沼生或水生草本。茎直立或斜上。叶心状宽卵形、长卵形至披针形，长 2~7cm；叶柄基部扩大成开裂的鞘。总状花序腋生，从叶柄中部抽出。花蓝色；雄蕊 6 枚，其中 1 枚较大。蒴果卵形至长圆形。种子多数，椭圆形，灰褐色。花期 8—9 月，果期 9—10 月。亚洲、非洲和澳大利亚广布。校内见于南华园湿地、农业试验基地田边。

127. 梭鱼草　雨久花科（Pontederiaceae）

***Pontederia cordata* L.**　　**pickerel weed**

多年生草本。叶片较大，长可达25cm，深绿色，大部分为倒卵状披针形，叶基生广心形，端部渐尖。穗状花序顶生，长5~20cm，上方两花瓣各有两个黄绿色斑点，花葶直立，通常高出叶面；小花密集，蓝紫色带黄斑点；花被裂片6枚。蒴果，熟后褐色。花果期5—10月。原产南北美洲，世界各地广泛栽培。校内见于启真湖。

128. 地涌金莲　芭蕉科（Musaceae）

***Ensete lasiocarpum* (Franch.) Cheesman**　　**golden lotus banana**

植株丛生，具水平向根状茎。假茎矮小，高不及60cm，基部有宿存的叶鞘。叶片似美人蕉。花序直立，直接生于假茎上，密集如球穗状，苞片干膜质，黄色或淡黄色，花2列，每列4~5朵。浆果三棱状卵形，径约2.5cm，外面密被硬毛。原产贵州和云南。校内偶见栽培。

129. 芭蕉　芭蕉科（Musaceae）

Musa basjoo **Siebold et Zucc. ex Iinuma　Japanese banana**

多年生草本，植株高大，具根状茎。叶片大，长椭圆形；主脉明显，侧脉平行。穗状花序顶生下垂，具苞片；花序上部为雄花，下部为雌花；花被两种：合生花被先端具 5（3+2）齿，离生花被先端具小尖头。浆果三棱状，短于香蕉。原产中国和日本，我国南方地区广泛栽培。校内见于白沙学园、东区庭院、生命科学学院玻璃大厅等处。

130. 柔瓣美人蕉　美人蕉科（Cannaceae）

Canna flaccida **Salisb.　bandanna of the Everglades**

多年生草本，高 1~1.8m。叶长圆状披针形，长 20~40cm。总状花序，花少而疏。花黄色；萼片绿色；花冠管明显；退化雄蕊狭小，薄而柔软，柠檬黄色；子房绿色，密生小疣状突起。蒴果椭圆形。花期夏秋季。与其他种区别：花黄色。原产美国东南部至中南部，世界各地广泛栽培。校内见于启真湖边。

131. 美人蕉　美人蕉科（Cannaceae）

***Canna indica* L.**　**Indian shot**

多年生直立草本。叶片卵状长圆形。总状花序疏花，略超出叶片之上。花红色，单生；花小，仅 5cm左右；萼片 3；花冠管不到 1cm；外轮退化雄蕊 2~3，宽大，鲜红色；唇瓣披针形，弯曲。蒴果绿色，长卵形，有软刺。花果期 3—12 月。原产南北美洲，世界各地广泛栽培。校内见于校医院南侧。本种与大花美人蕉差别在于退化雄蕊较窄。

132. 大花美人蕉　美人蕉科（Cannaceae）

***Canna × generalis* L.H.Bailey et E.Z.Bailey**　**canna lily**

为粉美人蕉（*C. glauca*）、美人蕉、鸢尾美人蕉（*C. iridiflora*）三者的杂交种。多年生直立草本，全株无毛，茎、叶和花序均被白粉。根状茎肥大。叶互生，叶缘、叶鞘紫色。总状花序顶生。花大，达 10cm以上，具大红、橘红、黄等多种颜色，艳丽；外轮退化雄蕊 3。蒴果长卵形，具软刺。花期秋季。有的品种叶表面具乳黄或乳白色平行脉线。校内常见栽培。另有园艺品种“金脉美人蕉”，叶片侧脉杂有金色条纹。

133. 孔雀竹芋　竹芋科（Marantaceae）

***Calathea makoyana* E.Morren**　　**peacock plant**

多年生常绿草本。叶大，薄革质，卵状椭圆形，全缘，叶缘波状；叶柄紫红色；叶上面浅绿色，小脉及叶缘暗绿色，沿中脉两侧交错分布暗绿色斑纹，下面暗紫色。原产巴西东部，世界各地广泛栽培。校内见于室内盆栽。

134. 水竹芋（再力花）　竹芋科（Marantaceae）

***Thalia dealbata* Fraser**　　**powdery alligator-flag**

多年生挺水草本，株高 1~2m。叶自根发出，叶鞘抱茎，叶柄长；叶大，卵状披针形，叶缘紫色。穗状圆锥花序，被白粉。花小，紫色。花期夏至秋季。原产美国南部至中部，世界各地常见栽培。校内见于各处水边。

135. 海南山姜（草豆蔻） 姜科（Zingiberaceae）

Alpinia hainanensis **K.Schum.**

叶片带形，长 20~50cm，宽 2~4cm，顶端渐尖并有一旋卷的尾状尖头；叶舌膜质，顶端急尖。总状花序直立，花序轴“之”字形；小苞片红棕色；花萼筒钟状，外被黄色长柔毛，具缘毛；唇瓣顶部浅 2 裂。原产广东、广西、海南至越南。校内见于生命科学学院玻璃大厅。

136. 花叶艳山姜 姜科（Zingiberaceae）

Alpinia zerumbet **'Variegata'　　Indian shell flower**

艳山姜的园艺品种。株高 2~3m。叶片披针形，杂有金黄色斑条，长 30~60cm，宽 5~10cm，顶端渐尖而有一旋卷的小尖头。圆锥花序呈总状花序式，下垂，花序轴紫红色；花萼白色，顶粉红色；花冠管较花萼为短。蒴果卵圆形，熟时朱红色；种子有棱角。花期 4—6 月，果期 7—10 月。校内见于生命科学学院玻璃大厅。

137. 姜花　姜科（Zingiberaceae）

***Hedychium coronarium* J.Koenig　　white garland-lily**

茎高 1~2m。叶片长圆状披针形，长 20~40cm，宽 4~8cm。穗状花序顶生，椭圆形。花芬芳，白色；花冠管纤细，唇瓣倒心形，白色，顶端 2 裂；子房被绢毛。花期：8—12 月。原产尼泊尔和印度，泛热带地区广泛栽培或归化。校内见于丹青学园。

138. 姜　姜科（Zingiberaceae）

***Zingiber officinale* Roscoe　　common ginger**

株高 0.5~1m。根茎肥厚。叶片披针形，长 14~30cm，宽 2~3cm；叶舌膜质。穗状花序球果状。花冠黄绿色；唇瓣短于花冠裂片，有紫色条纹及淡黄色斑点；雄蕊暗紫色；药隔附属体钻状。花期秋季。原产印度次大陆，世界各地广泛栽培。校内见于菜地种植。

139. 水烛　香蒲科(Typhaceae)

***Typha angustifolia* L.**　　**lesser bulrush**

多年生草本。茎高 1~2.5m。叶片线形，长 35~100cm，基部扩大成抱茎的鞘，鞘口有叶耳。穗状花序圆柱状，长 30~60cm，雄花部分与雌花部分不相连；雌花基部具白色长柔毛。小坚果长 1~1.5mm。花期 6—7 月，果期 8—10 月。北半球广布。校内见于启真湖、生物实验中心水塘。

140. 东方香蒲(香蒲)　香蒲科(Typhaceae)

***Typha orientalis* C.Presl**　　**bulrush**

多年生草本。茎高 1~2m。叶片线形，长 40~70cm，基部扩大成抱茎的鞘，鞘口边缘膜质。穗状花序圆柱状，长 10~20cm，雄花部分与雌花部分紧密相连；雌花基部具白色长柔毛。小坚果长约 1mm。花期 6—7 月，果期 8—10 月。分布于东亚、东南亚至澳大利亚。校内见于南华园湿地西侧。本种与水烛差别在于雌雄花序紧密相连。

141. 翅茎灯芯草　灯芯草科（Juncaceae）

***Juncus alatus* Franch. et Sav.　　wingstem rush**

多年生草本。茎多数簇生，压扁，通常两侧具显著的狭翼，高20~45cm，直径2~4mm。叶基生兼茎生；叶片压扁，稍中空，多管形，有不连贯的横脉状横隔。复聚伞花序顶生；花3~7朵在分枝上排列成小头状花序。蒴果三棱状长卵形，具短喙。种子长卵形，长约0.8mm，两端稍尖，无附属物。花期5—6月，果期6—7月。分布于中国、日本和韩国。校内见于启真湖边。

142. 灯芯草　灯芯草科（Juncaceae）

***Juncus effusus* L.　　common rush**

多年生草本。茎簇生，圆柱形，高40~100cm，直径1.5~4mm，有多数细纵棱。叶基生或近基生，叶片大多退化，叶鞘中部以下紫褐色或至黑褐色；叶耳缺。复聚伞花序侧生，通常较密集。蒴果三棱状椭圆形。种子黄褐色，椭圆形，长约5mm，无附属物。花期3—4月，果期4—7月。亚洲广布。校内见于各水域边。

143. 垂穗苔草　莎草科(Cyperaceae)

***Carex dimorpholepis* Steud.**

多年生草本。根状茎短缩。秆丛生，高 30~80cm，粗壮，锐三棱形。叶短于或等长于秆；叶片线形，具明显 3 脉。下部苞片叶状，上部苞片刚毛状；小穗 4~6，圆柱形，有长柄，常下垂，雌雄顺序。果囊扁凸状宽卵形。花果期 4—6 月。校内见于启真湖边栽培。

144. 翼果苔草　莎草科(Cyperaceae)

***Carex neurocarpa* Maxim.**

多年生草本，全株密生锈色点线。根状茎短，密生须根。秆丛生，告 20~50cm，直立，粗壮，变钝三棱形。叶片线形，边缘粗糙。花序下部 2~4 苞片叶状，长于花序；穗状花序紧密，呈尖塔状圆柱形；小穗卵形，雄雌顺序。果囊宽卵形或卵状椭圆形。花果期 5—7 月。校内见于启真湖边。

145. 砖子苗　莎草科（Cyperaceae）

***Cyperus cyperoides* (L.) Kuntze**　　**Pacific island flatsedge**

多年生草本。根状茎短。秆疏丛生，高 10~50cm，钝三棱形，具鞘。叶片线形。苞片 5~8，叶状；聚伞花序简单；穗状花序圆筒形或长圆形，具多数密生的小穗。小穗具 1~2 花；雄蕊 3；柱头 3。校内见于校友林林下。

146. 风车草　莎草科（Cyperaceae）

***Cyperus involucratus* Rottb.**　　**unbrella plant**

多年生直立草本。秆高 25~80cm，钝四棱形，基部具无叶的鞘；叶片线形，叶鞘棕色。轮伞花序，半球形，小穗密集；苞片线形，常染紫红色。花冠紫红色，冠檐二唇形；雄蕊 4，花药线形；柱头 3。小坚果倒卵形。花期 6—8 月，果期 8—10 月。原产马达加斯加，世界各地广泛栽培。校内见于湖心岛水边。

147. 碎米莎草　莎草科（Cyperaceae）

***Cyperus iria* L.　ricefield flatsedge**

一年生草本，须根多数。秆丛生，高 10~60cm，扁三棱形，下部具多数叶。叶片线形，扁平。苞片 3~5，叶状，长于花序；聚伞花序复出；穗状花序卵形或长圆状卵形，具 5 至多数小穗；小穗压扁，长 4~10mm，具 6~20 花；雄蕊 3；花柱短，柱头 3。花果期 6—10 月。校内见于各处水边，为常见杂草。

148. 香附子　莎草科（Cyperaceae）

***Cyperus rotundus* L.　coco grass**

多年生草本。匍匐根状茎长，具椭圆形块茎；秆稍细弱，高 15~80cm，锐三棱形。叶片扁平，叶鞘棕色，常裂成纤维状。穗状花序轮廓为陀螺形，稍疏松，具 3~10 个小穗；小穗斜展开，线形，具 8~28 朵花；雄蕊 3，花药线形，暗血红色。花果期 5—11 月。世界广布。校内常见于潮湿的草坪中。

149. 牛毛毡　莎草科（Cyperaceae）

***Eleocharis yokoscensis* (Franch. Et Sav.) Tang et Wang**

多年生草本，具细长匍匐根状茎。秆密丛生，纤细，毛发状，高5~10cm，绿色。叶片鳞片状。小穗卵形或狭长圆形，稍扁平，全部鳞片有花；柱头3。花果期7—9月。校内见于启真湖水边。

150. 水虱草　莎草科（Cyperaceae）

***Fimbristylis littoralis* Grandich　fimbry**

一年生草本。根状茎缺。秆丛生，高10~40cm，扁四棱形，基部具鞘。叶片剑形。苞片刚毛状；聚伞花序复出或多次复出；小穗单生，球形或近球形，长1.5~2mm；雄蕊2；柱头3。花果期7—10月。校内见于各处水域边。

151. 短叶水蜈蚣　莎草科（Cyperaceae）

***Kyllinga brevifolia* Rottb.**　　**shortleaf spikesedge**

多年生草本，具匍匐根状茎。秆散生，高 10~40cm，纤细，扁三棱形，下部具叶。叶片线形；下部叶鞘淡紫红色。苞片通常 3，叶状；穗状花序单一，近球形或卵状球形，淡绿色，直径 4~7mm，密生多数小穗。小穗具 1 两性花；雄蕊 3；柱头 2。花果期 6—10 月。校内见于林下潮湿处及水边，为常见杂草。

152. 水葱　莎草科（Cyperaceae）

***Schoenoplectus tabernaemontani* (C.C.Gmel.) Palla**

softstem bulrush

多年生草本。匍匐根状茎粗壮，具许多须根；秆圆柱状，高 1~2m，基部具 3~4 个叶鞘；叶片线形。聚伞花序简单或复出，假侧生，小穗单生或簇生；鳞片椭圆形或宽卵形，背面具铁锈色突起小点；雄蕊 3，花药线形；花柱柱头 2。花果期 6—9 月。世界广布。校内偶见栽培于水边。

153. 看麦娘　禾本科（Poaceae）

***Alopecurus aequalis* Sobol.**　　**orange foxtail**

一年生草本。基部具膝；叶鞘短于节间；叶舌膜质；叶片长椭圆形。圆锥花序，圆柱状，灰绿色。小穗椭圆形；颖膜质被毛；外稃膜质，等大或稍长于颖；芒隐藏或稍露。花果期 4—8 月。北半球广布。校内见于各处路边、田边和水边草地，为常见杂草。

154. 荩草　禾本科（Poaceae）

***Arthraxon hispidus* (Thunb.) Makino**　　**small carpetgrass**

一年生草本。具多节，常分枝；叶鞘短于节间，被毛；叶舌具纤毛；叶片卵状，基部心形抱茎。总状花序；小穗卵状披针形，灰绿色或带紫；第一颖草质，第二颖膜质；第一外稃和第二外稃膜质；芒长；颖果长圆形，有针状刺。花果期 9—11 月。分布于亚洲、非洲和澳大利亚。校内见于各处林下，为常见杂草。

155. 芦竹　禾本科(Poaceae)

***Arundo donax* L.　Spanish cane**

多年生草本。根状茎发达；具多节；叶鞘长于节间，无毛；叶舌截平；叶片边缘粗糙，基部白色抱茎。圆锥花序，极大；小穗有 2~4 小花；外稃中脉延伸成短芒，被毛；雄蕊 3；颖果黑色。花果期 9—12 月。生于河岸、砂质壤土上。世界广布。校内见于启真湖边。

155a. 花叶芦竹　禾本科(Poaceae)

***Arundo donax* 'Versicolor'**

芦竹的园艺品种。其特点是：叶片具黄白色宽狭不等的纵长条纹。

156. 野燕麦　禾本科（Poaceae）

***Avena fatua* L.**　　**common wild oat**

一年生草本。茎直立；叶鞘松弛；叶舌膜质；叶片扁平，粗糙。圆锥花序，分枝具棱角；小穗顶端膨胀，被毛；颖草质；外稃坚硬，具芒；颖果被棕色毛，具纵沟。花果期4—9月。原产欧亚大陆，世界温带地区广泛栽培。校内偶见生长。

157. 孝顺竹
禾本科（Poaceae）

***Bambusa multiplex* (Lour.) Raeusch. ex Schult.**

hedge bamboo

木本。多分枝乃至多枝簇生；节间长，幼时被白粉；节处隆起；箨鞘梯形，无毛；箨耳不明显；箨舌具短齿裂；箨片狭三角形；叶鞘纵肋隆起；叶耳肾形；叶舌圆拱形，微齿裂；叶片线形，叶背浅绿，被毛。颖不存在；外稃两侧不对称；内稃线形。原产我国南方地区至东南亚。校园常见栽培。

157a. 凤尾竹　禾本科(Poaceae)

***Bambusa multiplex* 'Fernleaf'**

孝顺竹的栽培品种。其特点是：竿尾梢略弯，下部挺直，绿色；数枝簇生，主枝稍粗长。箨鞘呈不对称的拱形；箨舌边缘具不规则的短齿裂；叶鞘无毛，纵肋稍隆起，背部具脊；叶耳肾形，边缘具波曲状细长繸毛。校内常见栽培。

158. 菵草　禾本科(Poaceae)

***Beckmannia syzigachne* (Steud.) Fernald　　American slough grass**

一年生草本，具节。叶鞘长于节间，无毛；叶舌膜质；叶片扁平。圆锥花序，分枝稀疏；小穗圆形，灰绿色；颖草质；外稃披针形，具芒。颖果长圆形，黄褐色，被毛。花果期 4—10 月。北半球广布。校内见于各湿地、水沟边，为常见杂草。

159. 蒲苇

禾本科（Poaceae）

Cortaderia selloana **(Schult.) Aschers. et Graebn.**

pampas grass

多年生草本，雌雄异株。高2~3m。叶舌为一圈柔毛，密生；叶片线形，于茎基部簇生，边缘粗糙。圆锥花序羽毛状，白色，大型，密集；雌花序较大，雄花序较小；雌小穗具丝状毛，雄小穗无毛；颖质薄，白色，细长；外稃具芒。原产南美洲，世界各地广泛栽培。校内见于白沙学园、校友林。

159a. 矮蒲苇　禾本科（Poaceae）

Cortaderia selloana **'Pumila'**

蒲苇的园艺品种。其特点是：植株较矮小。

160. 狗牙根　禾本科(Poaceae)

***Cynodon dactylon* (L.) Pers.　　Bahama grass**

低矮草本。节上具不定根，匍匐地面蔓延。叶鞘具脊，鞘口被毛；叶舌为一圈柔毛；叶片线形，无毛。穗状花序 3~5。小穗灰绿色；颖背部具脊,边缘膜质；外稃舟形,被毛。颖果长圆形。花果期 5—10 月。原产中东，现归化于世界热带至暖温带地区。校内见于各草地、林缘，为常见杂草，亦常用作草坪草栽培。

161. 升马唐　禾本科(Poaceae)

***Digitaria ciliaris* (Retz.) Koeler**

一年生草本。秆基部横卧地面，节上生根，具分枝，高 30~90cm。叶片线形或披针形，上面散生柔毛。总状花序 5~8 枚，长 5~12cm，呈指状排列于秆顶；小穗双生于穗轴各节，一具长柄，一具极短的柄或近无柄。花果期 6—10 月。

校内见于各处路边、林缘，为常见杂草。

162. 稗　禾本科（Poaceae）

***Echinochloa crus-galli* (L.) P.Beauv.**　**cockspur**

草本。高 1~2m。叶鞘无毛；叶舌缺；叶片线形，无毛，边缘粗糙。圆锥花序，下垂，花序轴具棱。小穗椭圆形，带紫色；第一颖三角形，3 脉；第二颖与小穗等长，具芒，5 脉；第一外稃草质，具芒；内稃膜质，具毛；第二外稃革质。花果期夏秋季。生于田边、路旁。亚洲、非洲广布。校内见于东区水边。

163. 牛筋草　禾本科（Poaceae）

***Eleusine indica* (L.) Gaertn.**　**Indian goosegrass**

一年生草本。根系发达，丛生；叶鞘扁，具脊；叶片线形，被毛。穗状花序，稀单生；颖披针形，具粗糙脊；第二颖较第一颖长；第一外稃膜质，内稃较外稃短，均有脊，脊上有翼。囊果卵形，具波状皱纹。花果期 6—10 月。热带至亚热带地区广布。校内见于各路边，为常见杂草。

164. 鹅观草（柯孟披碱草） 禾本科（Poaceae）

Elymus kamoji **(Ohwi) S.L.Chen**

草本。叶鞘被毛；叶片扁平。穗状花序，弯曲；小穗绿色，微带紫色，具芒；颖披针形，具短芒，边缘膜质；外稃披针形，边缘膜质，5 脉，具粗糙芒；内稃有翼。东亚广布。校内见于各路边、草地，为常见杂草。

165. 白茅 禾本科（Poaceae）

Imperata cylindrica **(L.) Raeusch.　　cogon grass**

多年生草本。具节，直立。叶鞘聚生于基部，长于节间，纤维状；叶舌膜质；叶片窄线形，内卷，顶端刺状。圆锥花序。两颖草质，边缘膜质；第一外稃披针形，膜质；第二外稃具齿裂；柱头紫黑色，羽状。颖果椭圆形。花果期 4—6 月。世界广布。校内见于各湿地及路边，为常见杂草。

166. 箬竹　禾本科（Poaceae）

Indocalamus tessellatus **(Munro) Keng f.　　large-leaved bamboo**

竿圆筒形，在分枝一侧的基部微扁，一般为绿色；节较平坦；竿环较箨环略隆起，节下方有红棕色贴竿的毛环；箨耳无；箨舌厚膜质，截形；叶鞘小横脉明显，形成方格状，叶缘生有细锯齿。圆锥花序（未成熟者）花序主轴和分枝均密被棕色短柔毛；花药长约1.3mm，黄色。笋期4—5月。分布于长江流域。校内见于白沙学园、东区竹园。

167. 千金子　禾本科（Poaceae）

Leptochloa chinensis **(L.) Nees　　Chinese sprangletop**

一年生草本，基部倾斜。叶鞘短于节间；叶舌膜质，具毛；叶片扁平，两面粗糙。圆锥花序；小穗细长，紫色；颖具1脉，脊粗糙；外稃无毛。颖果长圆球形。花果期8—11月。分布于亚洲和非洲。校内见于各路边、草丛，为常见杂草。

168. 黑麦草　禾本科 (Poaceae)

***Lolium perenne* L.**　　**perennial ryegrass**

多年生草本。具节，丛生；基部节上有根；根状茎细弱。叶片线形，具毛；穗状花序，直立。小穗无毛；颖披针形，边缘膜质；外稃长圆形，草质无芒；内稃具毛。颖果长形。花果期 5—7 月。原产亚洲、欧洲和非洲，世界各地广泛栽培和归化。校内有作草坪草栽培。

169. 柔枝莠竹　禾本科 (Poaceae)

***Microstegium vimineum* (Trin.) A.Camus**　　**Nepalese browntop**

一年生草本。匍匐地面生长；节上生根；叶鞘短于节间，鞘口被毛；叶舌背面被毛；叶片长卵圆形，边缘粗糙，叶背浅绿色，中脉白色。总状花序，被毛；小穗无柄；第一颖披针形，纸质；第二颖无芒；雄蕊 3；颖果长圆形。花果期 8—11 月。亚洲广布。校内见于校友林及金工实验中心附近林下。

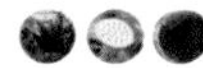

170. 荻　禾本科（Poaceae）

***Miscanthus sacchariflorus* (Maxim.) Hack.**　**Amur silver grass**

多年生草本。直立；根状茎匍匐，被鳞片；节处生根与幼芽；叶鞘无毛，长于节间；叶舌短，被毛；叶片宽线形，边缘锯齿状，中脉白色。圆锥花序，成伞房状；总状花序轴被毛；花药紫黑色，伸出。颖果长圆形。花果期8—10月。分布于中国、日本、韩国和俄罗斯。校内偶见生长。

170a. 斑叶芒　禾本科（Poaceae）

***Miscanthus sinensis* 'Zebrinus'**　**zebra grass**

芒的园艺品种。其特点是：多年生草本，高大粗壮，茎中空。叶片扁平宽大，有黄色斑点按距离依次分布。顶生圆锥花序，白色，小穗密集。柱头帚刷状，伸出。颖果长圆形。花果期8—11月。校内见于西区。

171. 求米草
禾本科（Poaceae）

Oplismenus undulatifolius **(Ard.) Roem. et Schult.**

basketgrass

草本。基部茎匍匐，节处生根；叶鞘短于节间，密被毛；叶舌膜质；叶片披针形，被毛。圆锥花序，被毛；小穗卵圆形，带紫色；颖草质，具长芒；第一外稃草质；第二外稃革质。花果期7—11月。分布于亚洲、非洲和澳大利亚，并归化于北美洲。校内见于各路边、草丛，为常见杂草。

172. 糠稷　禾本科（Poaceae）

Panicum bisulcatum **Thunb.**　　**Japanese panicgrass**

草本。基部茎匍匐，节处生根；叶鞘被毛；叶舌膜质；叶片狭披针形。圆锥花序；小穗椭圆形，带紫色；花药橘色，伸出；第一颖三角形；第二外稃椭圆形，熟时褐色。花果期9—11月。分布于亚洲、澳大利亚和太平洋岛屿。校内见于南华园湿地和启真湖边。

173. 双穗雀稗　禾本科（Poaceae）

Paspalum distichum **L.　　silt grass**

多年生草本。匍匐茎，上部直立，被毛；叶鞘短于节间，被毛；叶舌无毛；叶片披针形，无毛。总状花序，2 对生。小穗倒卵形；花药紫色，伸出；第一颖退化；第二颖被毛；第一外稃无毛；第二外稃被毛。花果期 5—9 月。世界热带至暖温带地区广布。校内见于各路边、水边，为常见杂草。

174. 雀稗　禾本科（Poaceae）

Paspalum thunbergii **Kunth ex Steud.　　Japanese paspalum**

多年生草本。茎直立；节处被毛；叶鞘长于节间，被毛；叶舌膜质；叶片线形，被毛。总状花序，3~6 互生，形成总状圆锥花序；小穗椭圆形，略扁；花药黑紫色，伸出；第二颖和第一外稃膜质；第二外稃革质。花果期 5—10 月。生于潮湿草地。分布于东亚至南亚。校内见于校友林。

175. 狼尾草　禾本科(Poaceae)

Pennisetum alopecuroides **(L.) Spreng.　　Chinese fountain grass**

多年生草本。须根粗壮；茎直立；叶鞘长于节间；叶舌被毛；叶片长线形。圆锥花序，密被毛，粗糙，绿色带紫色；小穗披针形；第一颖膜质；第二颖卵形；第二外稃披针形。颖果长圆形。花果期夏秋季。分布于亚洲、澳大利亚和太平洋岛屿。校内见于农生环大楼附近。

176. 芦苇　禾本科(Poaceae)

Phragmites australis **(Cav.) Trin. ex Steud.　　common reed**

多年生草本。根状茎发达；茎直立，具多节。下部叶鞘短于节间，上部叶鞘长于其节间；叶舌边缘被毛；叶片线形。大型圆锥花序，分枝多，花梗长；小穗下垂，4 花；颖 3 脉；第二外稃密被毛，与穗轴连接处具关节；花药黄色。颖果。世界广布。校内见于启真湖边。

177. 斑竹　禾本科（Poaceae）

***Phyllostachys bambusoides* ‘Lacrima-deae’**

Japanese timber bamboo

桂竹的园艺品种。高 20m，粗 15cm，节间长 40cm。竿上具紫褐色斑点；竿环高于箨环；箨鞘革质，具紫褐色斑块；箨耳镰状，紫褐色；箨舌拱形，褐色带绿色，边缘被毛；箨片带状，绿色带紫色。叶耳半圆形，放射状；叶舌伸出；叶片披针形。花枝穗状。佛焰苞；花柱羽毛状。校内见于东区竹园。

177a. 龟甲竹　禾本科（Poaceae）

***Phyllostachys edulis* ‘Heterocycla’**

毛竹的园艺品种。高 20m，粗 20cm。幼竿被毛和白粉；基部节间短；上部节间长；相邻的节交互倾斜，于一侧肿胀。箨鞘褐色，具褐色斑点，密被毛；箨舌宽短，边缘被毛；箨片波状弯曲。叶片披针形。花枝穗状，顶生。佛焰苞，覆瓦状排列。校内见于东五竹园。

178. 红哺鸡竹　禾本科（Poaceae）

Phyllostachys iridescens **C.Y.Yao et S.Y.Chen**

高 10m，粗 5cm。幼竿被白粉，具黄绿色纵条纹。箨鞘紫色，边缘褐色，具紫褐色斑点；箨舌拱形，紫褐色，边缘被紫毛；箨片外翻，带状，边缘橘色。叶舌紫红色；叶片披针形。花枝穗状。佛焰苞被毛，小穗紫色。花期 4—5 月。原产安徽、江苏和浙江。校内偶见栽培。

179. 紫竹　禾本科（Poaceae）

Phyllostachys nigra **(Lodd. ex Lindl.) Munro　　black bamboo**

高 8m，粗 5cm。竿紫黑色，具紫斑。竿环和箨环隆起；箨鞘背面具深褐色斑点密集成片；箨耳紫黑色，边缘被毛；箨舌紫色，边缘被毛。花枝短穗状。佛焰苞；柱头羽毛状。原产湖南，我国各地有栽培。校内见于东区竹园。

180. 金竹　禾本科（Poaceae）

Phyllostachys sulphurea **(Carrière) Rivière et C.Rivière　　sulphur bamboo**

高 15m，粗 8cm。竿金黄色，幼时被白粉；竿环不明显；箨环隆起；箨鞘背面黄绿色带绿色纹，有淡褐色斑点；箨舌边缘被毛；箨片带状，外翻，边缘黄色。花枝未见；笋期 5 月。原产我国南方地区，世界各地广泛栽培。校内见于生命科学学院楼前化学实验中心等地。有黄皮刚竹'Robert young'、碧玉间黄金竹'ouzeau'等品种。

181. 白顶早熟禾
禾本科（Poaceae）

Poa acroleuca **Steud.**

草本。直立，具节。叶鞘闭合，短于叶片；叶舌膜质；叶片披针形。圆锥花序，分枝多，细弱，小穗卵圆形；颖披针形，边缘膜质；外稃长圆形，边缘膜质；花药黄色。颖果纺锤形。花果期 5—6 月。东亚广布。校内见于各路边、林下，为常见杂草。

182. 早熟禾　禾本科(Poaceae)

***Poa annua* L.　　annual meadow grass**

一年生草本。直立，无毛。叶鞘稍扁；叶舌圆；叶片扁平对折，顶端船形。圆锥花序，舒展；小穗卵形，绿色；颖披针形，边缘膜质；外稃卵圆形,顶端和边缘膜质；花药黄色。颖果纺锤形。花期4—5月,果期6—7月。世界广布。校内见于各路边、草地，为常见杂草。

183. 棒头草　禾本科(Poaceae)

***Polypogon fugax* Nees ex Steud.　　perennial beard grass**

一年生草本。丛生；基部具膝。叶鞘短于节间；叶舌膜质,2裂或齿裂；叶片扁平,披针形。圆锥花序穗状,疏松。小穗绿色带紫色；颖长圆形,2裂,具芒；外稃具齿和芒。颖果椭圆形。花果期4—9月。亚洲广布。校内见于各草地、林缘，为常见杂草。

184. 斑茅　禾本科（Poaceae）

***Saccharum arundinaceum* Retz.**　　**hardy sugar cane**

多年生高大丛生草本。秆粗壮，具多数节，无毛。叶鞘长于其节间，基部或上部边缘和鞘口具柔毛；叶舌膜质，顶端截平；叶片宽大，线状披针形，顶端长渐尖，基部渐变窄，中脉粗壮，无毛，上面基部生柔毛，边缘锯齿状粗糙。圆锥花序大型，稠密，主轴无毛。颖果长圆形，长约3mm，花果期8—12月。原产印度。校内见于足球场南侧水边。

185. 金色狗尾草　禾本科（Poaceae）

***Setaria pumila* (Poir.) Roem. et Schult.**　　**yellow foxtail**

一年生草本。茎直立；基部具膝；叶鞘下部扁，上部圆，边缘膜质；叶舌具毛；叶片线状披针形，基部被毛。圆锥花序圆柱状，主轴具黄色刚毛。第一颖宽卵形或卵形；第二颖宽卵形。颖果背部隆起，具明显横纹。花果期6—10月。原产欧亚大陆，现世界广布。校内见于长兴林南侧草坪等处。

186. 狗尾草　禾本科(Poaceae)

Setaria viridis **(L.) P.Beauv.　　green foxtail**

一年生草本。须状根；茎直立；基部具膝。叶鞘松弛，边缘被纤毛；叶舌短,边缘被纤毛；叶片线状披针形,粗糙。圆锥花序圆柱状,主轴被毛,粗糙,绿色或紫色。第二外稃椭圆形,具点状皱纹,边缘内卷。颖果灰白色。花果期5—10月。原产欧亚大陆，现世界广布。校内见于各草地、林缘、荒地，为常见杂草。

187. 针茅　禾本科(Poaceae)

Stipa capillata **L.**

草本，丛生。枯叶鞘宿存基部；叶鞘长于节间；叶舌披针形；叶片长线形，被毛，粗糙。圆锥花序，藏于叶鞘内；小穗灰白色；颖披针形；外稃具毛和芒，芒针卷曲；颖果纺锤形。花果期6—8月。生于向阳山坡。原产欧亚大陆。校内花坛偶有栽培。

188. 小麦　禾本科（Poaceae）

***Triticum aestivum* L.**　　**common wheat**

草本，丛生，具节。叶鞘包茎，下部长于节间，上部短于节间；叶舌膜质；叶片披针形。穗状花序；颖卵圆形，具脊；外稃披针形，具长芒。原产西亚，世界各地广泛栽培。校内见于农田栽培，偶见逸生。

189. 玉米　禾本科（Poaceae）

***Zea mays* L.**　　**corn**

一年生草本。茎直立，不分枝；基部具气生支柱根；叶鞘具横脉；叶舌膜质；叶片披针形。雄性圆锥花序顶生，被毛；花药黄色；雌花序被鞘状苞片；雌小穗在花序轴上整齐排列，外稃和内稃膜质，花柱长线形。颖果扁球形。花果期秋季。原产墨西哥，世界各地广泛栽培。校内见于菜地种植。

190. 菰　禾本科(Poaceae)

Zizania latifolia **(Griseb.) Turcz. ex Stapf　　Manchurian wild rice**

多年生草本。具多节，节上生不定根；根状茎匍匐；叶鞘长于节间；叶舌膜质；叶片宽线形。圆锥花序，分枝多，簇生；雄小穗着生于花序下部和分枝上方，紫色；雌小穗着生于花序上部和分枝下方，具芒。颖果圆柱形。原产亚洲，亚洲各国广泛栽培产茭白食用。校内见于实验动物中心附近水域。

191. 沟叶结缕草　禾本科(Poaceae)

Zoysia matrella **(L.) Merr.　　Manila grass**

多年生草本。根茎横向生长；枯叶鞘宿存基部；下部叶鞘松弛，上部叶鞘紧密；叶舌纤毛状；叶片略微内卷，具沟，质地坚硬。总状花序穗状；小穗略小，卵状披针形，穗柄短。颖果卵形。花果期5—8月。分布于东亚至东南亚。校内常见草坪草。

192. 中华结缕草　禾本科（Poaceae）

***Zoysia sinica* Hance**

多年生草本。与上种区别：根茎横向生长；枯叶鞘宿存基部；叶鞘长于节间，鞘口被毛；叶片扁平或内卷，质地坚硬。总状花序，穗形，排列稀疏；小穗披针形，褐色或紫色；颖光滑，中脉延伸成芒尖；外稃膜质；柱头帚状。颖果棕褐色。花果期 5—10 月。分布于东亚。校内见于长兴林附近草坪和足球场草坪。本种与沟叶结缕草差别在于叶较宽。

193. 金鱼藻　金鱼藻科（Ceratophyllaceae）

Ceratophyllum demersum

多年生沉水草本；茎细长，平滑，具短分枝。叶 4~12 轮生，1~2 次二叉状分歧，裂片丝状，边缘仅一侧具细齿。花单性，雌雄同株，单生叶腋，雌雄花异节着生，近无梗；花直径约 2mm，浅绿色。坚果宽椭圆形，长 4~5mm，平滑，有 3 刺。花果期 6—9 月。校内见于湖心岛附近水域及大食堂庭院水池。

194. 夏天无（伏生紫堇） 罂粟科（Papaveraceae）

Corydalis decumbens **(Thunb.) Pers.**

草本。具块茎；茎不分枝。基生叶，叶二回三出，倒卵圆形，全缘或深裂。总状花序。花淡蓝紫色；外花瓣顶端下凹，具鸡冠状突起；上部花瓣较长，向上弯；距较花瓣短，向上弯。蒴果线形。种子具突起。分布于我国南部及日本。校内见于生命科学学院、化学实验中心等处竹林下。

195. 刻叶紫堇 罂粟科（Papaveraceae）

Corydalis incisa **(Thunb.) Pers.** **incised fumewort**

草本。根茎椭圆形；茎不分枝。叶二回三出，基部具鞘，裂叶具缺刻状齿。总状花序，花枝上有叶。花紫红色；外花瓣顶端圆钝，具鸡冠状突起；距圆筒形，近直。蒴果线形至长圆形，具1列种子。分布于我国华北南部至华南的大部分地区，日本和朝鲜也有。校内见于校友林、西区北侧树林和南华园湿地林下。

196. 地锦苗（尖距紫堇） 罂粟科（Papaveraceae）

***Corydalis sheareri* S.Moore**

草本。具主根；茎上部分枝。基生叶，二回羽状全裂，齿圆齿状，叶面绿色，叶背灰绿色。总状花序。花瓣紫红色，先端颜色较深，舟状卵形，具鸡冠状突起和不规则的齿裂，距钻形，末端尖。蒴果圆柱形。种子圆形，黑色，具乳突。花果期 3—6 月。生于水边、林下潮湿地。分布于华南地区至越南。校内见于西区北侧竹林下。

197. 野罂粟 罂粟科（Papaveraceae）

***Papaver nudicaule* L.　　Arctic poppy**

多年生草本。根茎粗而短，不分枝，密被枯叶鞘。叶基生，披针形，羽状分裂，裂片全缘或再次羽状分裂；叶柄基部扩大成鞘，被刚毛。花单生于花葶先端；萼片 2，早落；花瓣 4，色彩鲜艳丰富；雄蕊多数。蒴果长椭圆形，被刚毛。种子多数。花果期 5—9 月。原产亚洲北部。校内见于花坛栽培。

198. 虞美人　罂粟科（Papaveraceae）

Papaver rhoeas **L.**　**common poppy**

一至二年生草本，全株被毛。茎直立，具分枝。单叶互生，宽卵形至披针形；羽状深裂几全裂，裂片披针形和二回羽状浅裂。花单生于茎和分枝顶端；萼片 2，绿色；花瓣 4，紫红色；雄蕊多数；子房倒卵形，柱头连合成盘状。蒴果宽倒卵形近球形。花果期 3—8 月。原产西亚、欧洲和北非。校内见于花坛栽培。本种与野罂粟的差别在于茎直立,具茎质叶。

199. 木通　木通科（Lardizabalaceae）

Akebia quinata **(Houtt.) Decne.**　**chocolate vine**

落叶木质藤本。茎纤细,缠绕,茎皮灰褐色,有圆形、小而凸起的皮孔。掌状复叶互生或在短枝上的簇生，通常有小叶 5 片，偶有 3~7 片。伞房花序式的总状花序腋生，疏花，基部有雌花 1~2 朵，以上 4~10 朵为雄花。果长圆柱形，成熟时紫色，腹缝开裂。种子多数。花期 4—5 月，果期 6—8 月。分布于东亚。校内见于校友林林下。

200. 木防己　防己科（Menispermaceae）

Cocculus orbiculatus **(L.) DC.　　queen coralbead**

缠绕性落叶木质藤本。小枝被柔毛，具条纹。叶纸质，宽卵形或卵状椭圆形，全缘，有时3浅裂，两面被柔毛。聚伞圆锥花序腋生或顶生。花小，黄绿色，花6数。核果近球形，蓝黑色，表面被白粉。花期5—6月，果期7—9月。分布于东亚至东南亚。校内见于南华园湿地。

201. 蝙蝠葛　防己科（Menispermaceae）

Menispermum dauricum **DC.　　Asian moonseed**

草质落叶藤本，一年生茎纤细，有条纹，无毛。叶纸质或近膜质，轮廓通常为心状扁圆形，基部心形至近截平，两面无毛，下面有白粉；叶柄有条纹。圆锥花序腋生，花梗纤细，花瓣肉质，凹成兜状，有短爪。核果紫黑色。花期6—7月，果期8—9月。分布于东亚。校内见于长兴林旁的果园中。

202. 粉防己　防己科 (Menispermaceae)

Stephania tetrandra **S.Moore**

多年生缠绕藤本。块根粗大，圆柱形。叶幼时纸质，老时膜质，三角状广卵形，两面均被不易察觉的短柔毛，下面较密；叶柄盾状着生。头状聚伞花序排列成总状花序式；花小，黄绿色；单性。核果近球形，熟时红色。花期 5—6 月，果期 8—9 月。分布于我国南方地区。校内见于校友林等处林下。

203. 千金藤　防己科 (Menispermaceae)

Stephania japonica **(Thunb.) Miers　　snake vine**

多年生木质藤本。全株无毛，块茎粗长。叶宽卵形至卵形，叶脉掌状 7~9 条，上面深绿色，下面粉白色；叶柄盾状着生。复聚伞花序腋生。花小,黄绿色。核果倒卵形至近球形,熟时红色。花期 5—6 月,果期 8—9 月。分布于亚洲、澳大利亚和太平洋岛屿。校内见于西区水边。

204. 天台小檗（长柱小檗） 小檗科（Berberidaceae）

***Berberis lempergiana* Ahrendt**

常绿灌木。茎刺3分叉，粗壮。叶革质，长圆状椭圆形或披针形，叶缘具小刺齿。花3~7朵簇生；花梗长7~15mm。花黄色；花瓣6,先端缺裂，基部具2腺体；雄蕊6；子房含2~3枚胚珠；花柱宿存，长1mm。浆果，熟时紫红色。种子2~3。花期4—5月，果期7—10月。分布于浙江。校内见于丹青学园。

205. 日本小檗 小檗科（Berberidaceae）

***Berberis thunbergii* DC. Japanese barberry**

落叶灌木。枝条开展，幼枝淡红带绿，老枝暗红色。叶薄膜质，倒卵形或匙形，先端钝尖，上面绿色，下面灰绿色。伞形花序或近簇生，2~5朵花。花黄色；子房无柄，胚珠2颗。浆果椭圆形，熟时鲜红至紫红色。花期4—6月，果期8—11月。原产日本，我国广泛栽培。校内偶见栽培。

205a. 紫叶小檗　小檗科（Berberidaceae）

***Berberis thunbergii* 'Atropurpurea'　　dark-purple barberry**

日本小檗的园艺品种。其特点是：叶为紫红色或鲜红色。校内见于大食堂庭院。

206. 阔叶十大功劳　小檗科（Berberidaceae）

***Mahonia bealei* (Fortune) Pynaert　　Beal's mahonia**

常绿灌木。一回奇数羽状复叶，小叶互生，革质，卵形至近圆形，具刺齿。总状花序 6~9 簇生，直立小枝顶端。花黄色；花萼 9；花瓣 6，基部具 2 腺体；雄蕊 6；子房上位，1 室。浆果卵圆形，熟时蓝黑色，有白粉。花期 9 月至翌年 1 月，果期 3—5 月。分布于我国南方地区。校内见于蒙民伟楼、湖心岛等处。

207. 十大功劳　小檗科（Berberidaceae）

Mahonia fortunei **(Lindl.) Fedde　　Fortune's mahonia**

常绿灌木。一回奇数羽状叶，小叶互生，革质，披针形，边缘具刺齿。总状花序直立，4~9簇生。花小，黄色；花瓣基部具腺体；雄蕊6。浆果球形，熟时蓝紫色，外被白粉。花期7—9月，果期10—11月。分布于我国南方地区。校内见于校友林。本种与阔叶十大功劳差别在于小叶较狭窄。

208. 南天竹　小檗科（Berberidaceae）

Nandina domestica **Thunb.　　sacred bamboo**

常绿小灌木。三回奇数羽状复叶，互生，二至三回羽片对生，；小叶薄革质，椭圆状披针形，全缘；近无柄。圆锥花序顶生，直立。花小，白色，具芳香；萼片多轮；花瓣6，白色；雄蕊6，花药黄色，花丝短；子房1室，2胚珠。浆果球形，熟时鲜红色。种子扁圆形。花期3—6月，果期5—11月。分布于中国、印度和日本，世界各地广泛栽培。校内常见栽培。

209. 毛茛　毛茛科(Ranunculaceae)

Ranunculus japonicus **Thunb.**

多年生草本。基生叶为单叶，多数；叶片三角状肾圆形或五角形，通常3深裂不达基部,中裂片倒卵状或宽菱形,3浅裂；下部叶与基生叶相似，渐向上叶柄变短，叶片较小，3深裂，裂片披针形；最上部叶线形，全缘，无柄。聚伞花序疏散,贴生柔毛；花瓣5；花托短而无毛。聚合果近球形，瘦果扁平。花果期4—8月。分布于东亚。校内见于校友林林下。

210. 刺果毛茛　毛茛科(Ranunculaceae)

Ranunculus muricatus **L.　　spinyfruit buttercup**

一年生草本。须根扭转伸长。基生叶和茎生叶均有长柄；叶近圆形，3中裂至深裂,通常无毛；叶柄基部有膜质宽鞘。花梗与叶对生,散生柔毛；萼片长椭圆形，带膜质；花瓣5，狭倒卵形，蜜槽上有小鳞片。聚合果球形；瘦果宽扁，边缘有棱翼，两面各生一圈具疣基的刺。花果期4—6月。原产西亚和欧洲，现归化于世界各地。校内见于校友林林下。

211. 石龙芮　毛茛科（Ranunculaceae）

***Ranunculus sceleratus* L.**　**cursed buttercup**

一年生草本。茎直立，高 10~50cm，无毛或近无毛。基生叶和下部叶肾状圆形至宽卵形，长 1~4cm，3 深裂不达基部，裂片倒卵状楔形；上部叶较小，3 全裂，裂片披针形至线形，基部具抱茎膜质宽鞘。花小，黄色；萼片 5，淡绿色；花瓣 5，倒卵形；雄蕊 10 余枚；心皮多数。聚合果长圆形，长 8~12mm；瘦果倒卵球形，小而极多。花果期 5—8 月。北半球广布。校内见于各湿地、水边，为常见杂草。

212. 扬子毛茛　毛茛科（Ranunculaceae）

***Ranunculus sieboldii* Miq.**　**Siebold's buttercup**

多年生草本，密生开展的白色或淡黄色柔毛。基生叶与茎生叶相似，为 3 出复叶；叶片圆肾形至宽卵形；边缘有锯齿。花与叶对生；萼片狭卵形，花期向下反折；花瓣 5，黄色或上面变白色，狭倒卵形至椭圆形；雄蕊 20 余枚。聚合果圆球形；瘦果扁平，无毛。花果期 5—10 月。分布于中国和日本。校内见于各水边、林下，为常见杂草。

213. 猫爪草　毛茛科(Ranunculaceae)

***Ranunculus ternatus* Thunb.**

一年生草本。块根卵球形或纺锤形，形似猫爪。茎直立，细弱，高5~17cm。基生叶为单叶或3出复叶,宽卵形至圆肾形；小叶3浅裂至深裂，裂片倒卵状或线形。花单生；萼片5~7,绿色；花瓣5~7,黄色或后变白色。聚合果近球形；瘦果卵球形,边缘有纵肋。花期早,春季3月开花,果期4—7月。分布于中国和日本。校内见于西区北侧林下，为常见杂草。

214. 天葵　毛茛科(Ranunculaceae)

***Semiaquilegia adoxoides* (DC.) Makino**

多年生小草本。块根小，外皮棕黑色。基生叶为掌状三出复叶，叶片卵圆形至肾形；小叶3深裂，无毛；茎生叶小。花小，直径4~6mm；萼片白色；花瓣匙形；退化雄蕊2枚。蓇葖果卵状长椭圆形，表面具凸起的横向脉纹。3—4月开花，4—5月结果。分布于东亚。校内见于各林下，路边草丛中。

215. 莲（荷花） 莲科（Nelumbonaceae）

Nelumbo nucifera **Gaertn.**　　**sacred lotus**

多年生水生草本。根状茎横走，节间膨大，具孔道，节部缢缩。叶盾形，浮水或挺水；叶脉放射状；叶柄具刺，有孔道。花单生，花瓣多数；花药线性；心皮多数，花托圆锥形，海绵质。坚果椭圆形至卵形，埋藏于花托孔穴内。花期 6 月。分布于亚洲和澳大利亚。校内各水域常见栽培。

216. 二球悬铃木　悬铃木科（Platanaceae）

Platanus* × *acerifolia **(Aiton) Willd.**　　**London plane**

为三球悬铃木（*P. orientalis*）和一球悬铃木（*P. occidentalis*）的杂交种。落叶乔木。树皮光滑，大片块状脱落；嫩枝密生灰黄色绒毛；老枝秃净，红褐色。叶阔卵形，宽 12~25cm，上下两面嫩时有灰黄色毛被，下面的毛被更厚而密；基部截形或微心形，上部常掌状 5 裂；裂片全缘或有 1~2 个粗大锯齿；叶柄长 3~10cm，密生黄褐色毛被。花常 4 数。头状果序常 1~2 个，下垂；花柱宿存，刺状，坚果之间无突出的绒毛，或有极短的毛。世界各地广泛栽培作行道树。校内常见栽培。

217. 雀舌黄杨　黄杨科(Buxaceae)

Buxus bodinieri **H.Lév.**

常绿灌木或乔木，分枝密集成丛。小枝四棱形。叶对生，薄革质，较狭长，匙形或狭倒卵形，先端常微凹，全缘。花序腋生，头状。花单性，雌雄同序；无瓣；雄花约 10 朵，着生花序下部，雄蕊 4；雌花 1 朵，着生花序顶端；子房 3 室。蒴果球形，宿存花柱直立。花期 2 月，果期 5—8 月。分布于我国南方地区。校内见于东六庭院。

218. 黄杨　黄杨科(Buxaceae)

Buxus sinica **(Rehder et E.H.Wilson) M.Cheng　　Chinese box**

常绿灌木或小乔木。小枝四棱形。叶对生，革质，阔椭圆形或长圆形，先端常有凹口，叶面光亮。花序腋生，头状。花单性同序；萼片 6，两轮；无瓣。蒴果近球形，3 瓣裂。花期 3 月，果期 5—6 月。分布于我国南方地区。校内见于农生环组团和东区庭院。本种与雀舌黄杨差别在于叶阔椭圆形。

219. 芍药　芍药科（Paeoniaceae）

***Paeonia lactiflora* Pall.**　　**Chinese peony**

多年生草本。根粗壮。叶互生，一至二回三出复叶；小叶狭卵形，顶端渐尖，基部楔形或偏斜，边缘具白色骨质细齿。花数朵，生茎顶或叶腋；苞片 4~5；萼片 4；花瓣 9~13，白色至粉红色；雄蕊多数，花丝黄色；花盘浅杯状。蓇葖果顶端具喙。花期 5—6 月，果期 8 月。分布于东亚至东北亚。校内见于药学院楼下。

220. 牡丹　芍药科（Paeoniaceae）

***Paeonia × suffruticosa* Andrews**　　**moutan peony**

园艺杂交种。落叶灌木。分枝短而粗。二回三出复叶，偶 3 小叶；顶生小叶宽卵形，3 裂至中部；侧生小叶狭卵形或长圆状卵形。花单生枝顶，直径 10~17cm；苞片 5；萼片 5；花瓣 5 或重瓣，颜色变异大；雄蕊多数；花盘杯状。蓇葖果圆柱形。花期 5 月，果期 6 月。校内见于蒙民伟楼、校友林。本种与芍药的差别在于茎基部木质化。

221. 小叶蚊母树　金缕梅科 (Hamamelidaceae)

Distylium buxifolium **(Hance) Merr.　　Winter hazel**

常绿灌木。嫩枝纤细，秃净无毛。叶倒披针形，先端锐尖，基部狭窄而下延，全缘，仅在最先端有 1 个小尖突，叶脉不明显。穗状花序腋生，长 1~3cm，花序轴有毛，苞片线状披针形。蒴果卵圆形，被褐色星状绒毛，宿存花柱；种子褐色发亮。分布华东至西南地区。校内见于东区启真湖边。

222. 蚊母树　金缕梅科 (Hamamelidaceae)

Distylium racemosum **Siebold et Zucc.　　isu tree**

常绿灌木或中乔木。嫩枝有鳞垢，老枝秃净，干后暗褐色。叶革质，上面深绿色，发亮，下面初时有鳞垢，以后变秃净，侧脉不明显，全缘，常生有虫瘿。总状花序长约 2cm，总苞 2~3 片，卵形，有鳞垢，苞片披针形，长 3mm。蒴果卵圆形，被褐色星状绒毛。分布于东亚。校园东西区均有栽培。

223. 枫香　金缕梅科（Hamamelidaceae）

***Liquidambar formosana* Hance　　Formosan gum**

落叶乔木。叶宽卵形，掌状 3 裂，边缘有锯齿，叶柄长达 11cm。花单性，雌雄同株；雄花排列成葇荑花序，无花被，雄蕊多数；雌花 25~40，排列成头状花序，无花瓣。头状果序圆球形，宿存花柱和萼齿针刺伏。花期 3—4 月，果期 9—10 月。分布中国、韩国、老挝和越南，校内常见栽培。

224. 檵木　金缕梅科（Hamamelidaceae）

***Loropetalum chinense* (R. Br.) Oliv.　　Chinese fringe flower**

常绿灌木或小乔木。小枝有锈色星状毛。叶革质，卵形，长 2~5cm，宽 1.5~2.5cm，基部偏斜，全缘。花 3~8 朵簇生。萼筒杯状，萼齿卵形；花瓣条形，白色，长 1~2cm；子房下位。蒴果卵圆形，被褐色星状绒毛。花期 3—4 月。分布于中国、印度和日本。校内见于东区水边。

224a. 红花檵木　金缕梅科(Hamamelidaceae)

***Loropetalum chinense* var. *rubrum* Yieh**

檵木的变种。与原种的区别在于：叶片常带暗红色，花紫红色。校内常见栽培。

225. 虎耳草　虎耳草科(Saxifragaceae)

***Saxifraga stolonifera* Curtis　　creeping saxifrage**

草本。鞭状匍枝细长。茎具长腺毛。基生叶片近心形，两面具腺毛，腹面绿色，背面通常紫红色，有斑点，具掌状直达叶缘脉序；茎生叶片披针形。聚伞花序圆锥状；花梗被腺毛；花两侧对称；萼片卵形，背面被褐色腺毛；子房卵球形，花柱 2。花期 5—6 月，果期 6—8 月。分布于东亚。校内见于长兴林南侧林下。

226. 八宝　景天科（Crassulaceae）

Hylotelephium erythrostictum **(Miq.) H.Ohba　　garden stonecrop**

多年生肉质草本，高 30~80cm。全株具褐色斑点，具块根。叶对生，稀互生或 3 枚轮生；长圆形，先端钝，边缘具钝圆锯齿。聚伞状伞房花序顶生。花瓣白色或粉色，5 枚，宽披针形；雄蕊 10，鳞片 5，心皮 5，基部分离。花期 8—10 月。原产于东亚。校内见于生命科学学院。

227. 珠芽景天　景天科（Crassulaceae）

Sedum bulbiferum **Makino**

一年生草本，高 10~15cm。茎细弱，直立或斜升，节上生不定根；叶腋着生球形肉质的珠芽。叶互生，卵状匙形，先端钝，有短距。聚伞花序顶生。花瓣 5，黄色，披针形；雄蕊 10，花药黄色；心皮 5，基部合生。蓇葖果略叉开。花期 4—5 月。分布于中国和日本。校内见于各路边、草地阴湿处。

228. 凹叶景天　景天科 (Crassulaceae)

Sedum emarginatum **Migo**

多年生草本，高 10~15cm。茎细弱，直立，节上生不定根。叶片匙形倒卵形，先端微凹，有短距，无柄。聚伞花序顶生，常有 3 个分枝。花瓣 5，黄色，披针形；雄蕊 10，花药紫褐色；鳞片 5，心皮 5，基部合生。蓇葖果略叉开。花期 5—6 月，果期 6—7 月。分布于我国南方地区。校内见于东区灌木丛下。

229. ' 金丘 ' 松叶佛甲草　景天科 (Crassulaceae)

Sedum mexicanum **Britt.'Gold Mound'**　　**golden stonecrop**

松叶佛甲草的园艺品种。多年生草本，高 10~20cm。茎细弱，直立或斜升。叶 4（5）枚轮生，叶片条形，宽 3mm，扁平先端钝，基部有短距，无柄。聚伞花序顶生，三分枝，花多。花瓣 5，黄色，宽披针形；萼片 5，雄蕊 10 枚，鳞片 5，心皮 5，略叉开。花期 4—5 月，果期 5—6 月。原种原产墨西哥，中美洲。校内见于纳米楼。

230. 垂盆草　景天科（Crassulaceae）

Sedum sarmentosum **Bunge　　stringy stonecrop**

多年生草本。不育茎匍匐，节上生不定根；花茎直立。叶 3 枚轮生，倒披针形至长圆形，先端尖，有短距。聚伞花序顶生；苞片叶状，较小。萼片 5，宽披针形；花瓣 5，黄色，披针形；雄蕊 10，鳞片 5，心皮 5。花期 5—6 月，果期 7—8 月。分布于中国、日本、韩国和泰国。校内见于生物实验中心和纳米楼。

231. 粉绿狐尾藻　小二仙草科（Haloragaceae）

Myriophyllum aquaticum **(Vell.) Verdc.　　parrot's feather**

多年生沉水草本。雌雄同株。茎匍匐生长，上部生挺水叶，下部多分枝。叶片 5~7，轮生；羽状分裂；小叶针状，绿色；沉水叶丝状，朱红色。穗状花序顶生。花单性，上部雄花，下部雌花。核果。花期 4—9 月。原产南美洲，现世界各地广泛分布。校内见于李摩西楼、南华园等处水域。

232. 穗状狐尾藻　小二仙草科（Haloragaceae）

Myriophyllum spicatum **L.**　　**spiked water milfoil**

多年生沉水草本。雌雄同株。根状茎发达；节处生根。叶片 5,轮生；羽状全裂。穗状花序。花 4 朵轮生于水面上；上部雄花，中部两性花，下部雌花；雄花花瓣 4，粉红色，花药淡黄色；雌花花瓣缺，花柱 4，柱头羽毛状。分果椭圆形。花果期春夏秋。分布于欧亚大陆。校内见于各水域。本种与粉绿狐尾藻的差别在于全为沉水叶。

233. 乌蔹莓　葡萄科（Vitaceae）

Cayratia japonica **(Thunb.) Gagnep.**　　**bushkiller**

草质藤本。小枝圆柱形，有纵棱纹。叶为鸟足状 5 小叶。花序腋生，复二歧聚伞花序。花瓣 4，外面被乳突状毛；雄蕊 4；子房下部与花盘合生。果实近球形,有种子 2~4 颗；种子三角状倒卵形,顶端微凹。花期 3—8 月，果期 8—11 月。分布于亚洲和澳大利亚。校内见于各灌丛、林下。

234. 五叶地锦　葡萄科（Vitaceae）

Parthenocissus quinquefolia **(L.) Planch.　　Virginia creeper**

木质藤本，卷须总状 5~9 分枝，卷须遇附着物扩大成吸盘。叶为掌状 5 小叶。花序假顶生形成多歧聚伞花序。花瓣 5。果实球形，有种子 1~4 颗；种子倒卵形。花期 6—7 月，果期 8—10 月。原产北美洲，我国各地广泛栽培。校内见于医学院。本种与地锦（爬山虎）的差别在于叶为掌状 5 小叶。

235. 地锦（爬山虎）　葡萄科（Vitaceae）

Parthenocissus tricuspidata **(Siebold et Zucc.) Planch.　　Boston ivy**

木质藤本，卷须遇附着物扩大成吸盘。叶为单叶，在短枝上常为 3 浅裂，长 4.5~17cm，宽 4~16cm，边缘有粗锯齿。花序着生在短枝上，形成多歧聚伞花序。花瓣 5，长椭圆形；雄蕊 5；子房椭球形。果实球形，有种子 1~3 颗；种子倒卵圆形。花期 5—8 月，果期 9—10 月。分布于中国、日本和韩国。校内见于东区庭院和校友林。

236. 银荆　豆科 (Fabaceae)

Acacia dealbata **Link**　　**mimosa**

常绿小乔木，树皮平滑，灰绿色。嫩枝及叶轴被灰色短绒毛、白霜。二回羽状复叶，羽片排列紧密；叶轴上每对羽片着生处有 1 腺体；小叶线形，被灰白色短柔毛。总状花序腋生或圆锥花序顶生。花小，黄色。荚果红棕色或黑色，无毛。原产澳大利亚，我国南方地区有栽培。校内见于蓝田学园、实验动物中心。

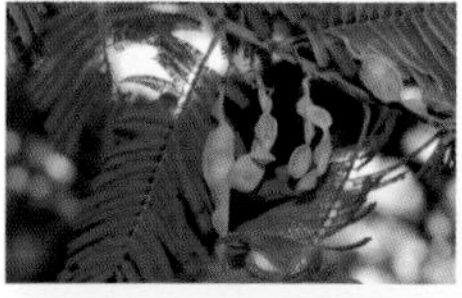

237. 合萌　豆科 (Fabaceae)

Aeschynomene indica **L.**　　**Indian jointvetch**

一年生亚灌木状草本，高 30~100cm。偶数羽状复叶，小叶片多，全缘；具膜质托叶，基部耳形。总状花序腋生。花冠淡黄色，具紫色纵脉纹，易脱落，旗瓣近圆形，二体雄蕊。荚果线状长圆形，不开裂。花期 7—8 月，果期 8—10 月。世界广布。校内见于启真湖边。

238. 合欢　豆科（Fabaceae）

***Albizia julibrissin* Durazz.　　pink silk tree**

落叶乔木。树皮灰褐色，密生皮孔。小枝有棱角。二回羽状复叶，总叶柄近基部及最顶端一对羽片着生处各有 1 腺体；托叶小，狭披针形；小叶短于 1.5cm，中脉紧靠上部叶缘。顶生圆锥花序。花上部粉红色。荚果带状，幼时有柔毛，熟时无毛。花期 6—7 月，果期 8—10 月。亚洲广布。校内见于校友林、西四和化学实验中心等处。

239. 山合欢　豆科（Fabaceae）

***Albizia kalkora* (Roxb.) Prain　　Kalkora mimosa**

落叶小乔木。树皮深灰色，显著皮孔。小枝深褐色，被短柔毛。二回羽状复叶，总叶柄近基部及最顶端一对羽片着生处各有 1 腺体；托叶小，线形；小叶长 2~4cm，中脉偏向内侧叶缘。头状花序腋生或伞房状顶生。花常黄白色。荚果深棕色，扁平。花期 6—7 月，果期 9—10 月。分布于中国、印度、日本、缅甸和越南。校内见于白沙学园和东五。本种与合欢的差别在于羽状复叶小叶较大，对数较少，花常黄白色。

240. 两型豆　豆科（Fabaceae）

***Amphicarpaea edgeworthii* Benth.**

一年生缠绕草本。茎、花、叶、果被柔毛。羽状 3 小叶，具小托叶。花二型：生于茎上部为正常花，花萼 5 裂，花冠淡紫色或白色，二体雄蕊；生于下部为闭锁花，无花瓣，子房伸入地下结实。荚果二型：正常花结长圆形荚果；闭锁花结近球形荚果。花期 8—10 月，果期 10—11 月。分布于东亚至印度、越南。校内见于西区北侧树林林下。

241. 紫云英　豆科（Fabaceae）

***Astragalus sinicus* L.　　Chinese milk-vetch**

二年生草本，高 10~30cm。全株被白色疏柔毛。奇数羽状复叶，7~13 小叶，具托叶。伞形总状花序。花萼钟状；花冠紫红色。荚果线状长圆形，熟时黑色。花期 2—5 月，果期 3—7 月。分布于长江流域地区，我国各地有栽培。校内见于农业试验地。

242. 云实　豆科（Fabaceae）

Caesalpinia decapetala **(Roth) Alston　　shoofly**

落叶攀缘藤本。全体散生倒钩状皮刺。二回羽状复叶，常 20~30cm，羽片 3~10 对；小叶长圆形，全缘。总状花序顶生，直立；总花梗多刺。花两侧对称；萼片 5，长圆形；花瓣黄色，花冠假蝶形；雄蕊 10，分离；子房线形。荚果栗褐色，长圆形。花期 4—5 月，果期 9—10 月。分布于亚洲热带至温带地区。校内见于南华园湿地。

243. 网络鸡血藤　豆科（Fabaceae）

Callerya reticulata **(Benth.) Schot**

常绿木质藤本。小枝圆形，具细棱，老枝褐色；羽状复叶，叶柄无毛，上面有狭沟，托叶锥刺形，基部向下形成距，小叶 3~4 对，硬纸质，卵状长椭圆形或长圆形，先端钝。圆锥花序顶生或着生枝梢叶腋，花序轴被黄褐色柔毛；花梗被毛。花冠红紫色，翼瓣和龙骨瓣略长于旗瓣。荚果线形；果瓣近木质。花期 5—11 月。分布于我国东南部。校内见于南华园湿地。

244. 紫荆　豆科（Fabaceae）

***Cercis chinensis* Bunge　　Chinese red bud**

落叶灌木或小乔木。单叶互生，纸质，近圆形，基部心形。花先叶开放，2~10余朵簇生于老枝和主干上。萼筒偏斜，具5齿；花冠紫红色，假蝶形；雄蕊10，分离。荚果扁平。花期4—5月，果期7—8月。分布于我国东南部。校内常见栽培。

245. 黄檀　豆科（Fabaceae）

***Dalbergia hupeana* Hance**

落叶乔木，高10~20m。树皮暗灰色，呈薄片状剥落。奇数羽状复叶，长椭圆形，无毛。圆锥形花序顶生或生于枝顶叶腋间，花密集。花冠黄白色或淡紫色，雄蕊10，二体（5+5）。花期5—7月，果期8—9月。我国各地广布。校内见于湖心岛。

246. 皂荚　豆科（Fabaceae）

***Gleditsia sinensis* Lam.　Chinese honey locust**

落叶乔木或小乔木，常有分枝状枝刺。一回羽状复叶，小叶 3~9 对，具细锯齿。总状花序细长，腋生或顶生。花杂性；花萼 4 裂；花瓣 4，黄白色；雄蕊 6~8；子房线形。荚果稍肥厚，经冬不落；种子多数，红棕色。花期 5—6 月，果期 8—12 月。分布于我国东部，常栽培于庭院或宅旁。校内见于药学院西南角。

247. 大豆　豆科（Fabaceae）

***Glycine max* (L.) Merr.　soybean**

一年生草本，高 30~120cm。全体被褐色长硬毛。茎粗壮，直立，或上部近缠绕状，上部多少具棱，密被褐色长硬毛。羽状三出复叶，具托叶。总状花序腋生。花萼密被白色柔毛，花冠紫色或白色。荚果肥大，长圆形，黄绿色。花期 5—8 月，果期 7—10 月。原产我国，世界各地广泛栽培。校内见于菜地种植。

248. 野大豆　豆科(Fabaceae)

Glycine soja **Siebold et Zucc.**　　**wild soybean**

一年生缠绕草本。全体被黄褐色长硬毛。羽状三出复叶,全缘,具托叶。总状花序腋生。花小，花萼5裂；花冠淡红紫色或白色。荚果长圆形，2瓣开裂。花期7—8月,果期9—10月。除新疆、青海和海南外,遍布全国。校内见于启真湖边。本种与大豆的差别在于野生种，缠绕草本。

249. 鸡眼草　豆科(Fabaceae)

Kummerowia striata **(Thunb.) Schindl.**　　**Japanese clover**

一年生草本。匍匐茎平卧，茎和枝上被白色柔毛。三出羽状复叶，长椭圆形，全缘；托叶大，膜质。花小，1~3朵腋生；花梗下端具2枚大小不等的苞片,萼基部具4枚小苞片。花萼5裂,花冠粉红色或紫色。花期7—9月，果期9—11月。分布于我国东北、西南地区，朝鲜、日本、俄罗斯。校内见于南华园湿地。

250. 扁豆　豆科（Fabaceae）

***Lablab purpureus* (L.) Sweet　lablab**

多年生缠绕草本。全株几无毛，茎淡紫色。三出羽状复叶，顶生小叶宽三角状卵形，侧生小叶斜三角状宽卵形；具托叶。总状花序腋生，花冠白色或紫色。种子颜色随品种而定，呈白色、紫色或黑色。花期 6—8 月，果期 9—10 月。可能原产印度，我国各地广泛栽培。校内见于菜地种植。

251. 截叶铁扫帚　豆科（Fabaceae）

***Lespedeza cuneata* G.Don　　Chinese bushclover**

小灌木，高 0.5~1m。枝具条棱，被短柔毛。小叶片线状楔形，具托叶。总状花序腋生，或单生。花萼深裂，密被毛；花冠淡黄色或白色；闭锁花簇生于叶腋。花期 6—8 月，果期 9—11 月。分布于我国中南部至朝鲜、日本。校内见于下沉广场周围花坛中。

252. 铁马鞭　豆科(Fabaceae)

***Lespedeza pilosa* (Thunb.) Siebold et Zucc.**

多年生草本或半灌木。全株密被黄色长柔毛，匍匐茎细长。羽状三出复叶，具托叶。总状花序腋生。花萼5深裂；花冠黄白色或白色；闭锁花全部结实。荚果广卵形。花期7—9月，果期9—10月。分布于我国中南部至朝鲜、日本。校内见于下沉广场周围花坛中。

253. 天蓝苜蓿　豆科(Fabaceae)

***Medicago lupulina* L.　　black medick**

草本，被柔毛。茎平卧或上升，多分枝。羽状三出复叶；小叶倒卵形，纸质，具尖齿。小头状花序，比叶长；苞片刺毛状。花黄色；旗瓣近圆形，翼瓣和龙骨瓣均比旗瓣短。荚果肾形。种子卵形，褐色。花期7—9月，果期8—10月。欧亚大陆广布。校内见于篮球场附近、生物实验中心。

254. 多型苜蓿（南苜蓿） 豆科（Fabaceae）

***Medicago polymorpha* L.** **toothed medick**

草本。茎平卧或直立，基部分枝，无毛或未被毛。托叶裂成细条；羽状三出复叶；小叶倒卵形，纸质，具浅锯齿。头状伞形花序，比叶短，花 2~10 朵。花黄色；旗瓣最长；翼瓣具耳和瓣柄；龙骨瓣小耳成钩状。荚果盘形，具棘刺或瘤突。种子长肾形，棕色。花期 3—5 月，果期 5—6 月。分布于长江流域以南地区。校内偶见于草坪。本种与天蓝苜蓿差别在于总状花序花较少，荚果有刺。

255. 草木犀 豆科（Fabaceae）

***Melilotus officinalis* (L.) Pall.** **ribbed melilot**

二年生草本。茎直立，具纵棱。托叶线形；羽状三出复叶；小叶倒卵形，顶生小叶稍大，具疏浅齿。总状花序腋生，花 30~70 朵。萼片刺毛状；花黄色，旗瓣倒卵形，与翼瓣等长；龙骨瓣稍短。荚果卵形。种子卵形，黄褐色。花期 5—9 月，果期 6—10 月。分布于我国东北、华南、西南，亦常见栽培。校内偶见于荒地。

256. 常春油麻藤　豆科（Fabaceae）

Mucuna sempervirens **Hemsl.**

常绿木质藤本。树皮有皱纹；幼茎具皮孔。羽状复叶；顶生小叶椭圆形，侧生小叶极偏斜；侧脉下面凸起。总状花序，每节 3 花。花紫色；旗瓣和龙骨瓣具耳。果带形，木质。种子念珠状，被褐色毛。花期 4—5 月，果期 8—10 月。分布于我国东南部至日本。校内见于化学实验中心北侧。

257. 花榈木　豆科（Fabaceae）

Ormosia henryi **Prain**

常绿乔木。树皮灰绿色，小枝、叶轴、花序密被绒毛。奇数羽状复叶；小叶椭圆形或长圆状椭圆形，革质。圆锥花序顶生，或总状花序腋生。花萼 5 裂；花绿色，边缘微带淡紫；龙骨瓣具柄；花药淡灰紫色。荚果长椭圆形。种子椭圆形，种皮鲜红色。花期 7—8 月，果期 10—11 月。分布于我国东南部至越南、泰国。校内见于生物实验中心旁水池边。

258. 红豆树　豆科（Fabaceae）

Ormosia hosiei **Hemsl. et E.H.Wilson**

乔木。树皮灰绿色；冬芽被毛。奇数羽状复叶；小叶卵形或卵状椭圆形，薄革质。圆锥花序，花疏，下垂。花萼紫绿色；花白色或淡紫色，有香气；花药黄色；花柱紫色。荚果扁平，近圆形；果瓣革质。种子椭圆形，红色。花期4—5月，果期10—11月。分布于我国中南部。校内见于校友林、化学实验中心。

259. 菜豆　豆科（Fabaceae）

Phaseolus vulgaris **L.　　kidney bean**

一年生草本。羽状复叶；有3小叶，下面被短柔毛；顶生小叶卵状菱形，侧生小叶偏斜。总状花序，小苞片卵形，宿存。花白色或淡紫红色；旗瓣近方形；龙骨瓣先端旋卷。荚果带形，通常稍呈扁平，无毛。种子肾形。花期春夏。原产美洲，全国各地广泛栽培。校内见于菜地种植。

260. 豌豆　豆科(Fabaceae)

Pisum sativum **L.**　　**Pea**

一年生攀缘草本。全株绿色无毛。托叶心形，比小叶大；羽状复叶；小叶卵圆形，4~6 片。花单生于叶腋，或总状花序。花白色或紫色；雄蕊 10，二体雄蕊(9+1)。荚果长椭圆形。种子圆形，青绿色。花期 6—7 月，果期 7—9 月。全国各地广泛栽培。校内见于菜地种植。

261. 野葛　豆科(Fabaceae)

Pueraria montana **var.** ***lobata*** **(Willd.) Sanjappa et Pradeep**　　**kudzu**

葛的变种。粗壮落叶藤本。块状根。小枝密被棕褐色粗毛。托叶卵形至披针形；顶生小叶菱状卵形,侧生小叶斜卵形。总状花序,每节 2~3 朵花。花紫红色；旗瓣近圆形,一侧或两侧有耳,龙骨瓣为两侧不对称的长方形。荚果线形，被黄色硬毛。花期 7—9 月，果期 9—10 月。除西藏、新疆外我国各地均有分布。校内见于校友林、体育馆附近荒地。

262. 刺槐（洋槐） 豆科（Fabaceae）

***Robinia pseudoacacia* L.** **black locust**

落叶乔木。树皮灰褐色，有裂；具托叶刺。羽状复叶；小叶椭圆形，对生，上面绿色，下面灰绿色。总状花序腋生，下垂。花白色，芳香；旗瓣近圆形，有黄斑；翼瓣具耳；均具瓣柄。荚果长圆形，褐色。种子肾形，褐色。花期 4—6 月，果期 8—9 月。原产北美洲，世界各地广泛栽培。校内见于校友林和西区北侧树林。

263. 红花刺槐（香花槐） 豆科（Fabaceae）

***Robinia* × *ambigua* 'Idahoensis'** **Idaho locust**

为刺槐和粘毛刺槐（*R. viscosa*）的杂交种。落叶乔木。羽状复叶，小叶对生或近对生。总状花序腋生，下垂。花红色，有浓郁芳香，可同时盛开 200~500 朵小红花，非常壮观美丽。校内见于金工实验中心北侧树林。

264. 伞房决明　豆科（Fabaceae）

***Senna corymbosa* (Lam.) H.S.Irwin et Barneby　　flowery senna**

常绿灌木，多分枝。羽状复叶；小叶长椭圆状，3~5 对。圆锥花序，伞房状，花 3~5 朵，常顶生。花黄色，花瓣 5。荚果圆柱形，顶端弯曲，下垂。花期 7—10 月，常花果并存。原产南美洲，世界各地有栽培。校内见于东区庭院和农医图书馆附近。

265. 田菁　豆科（Fabaceae）

***Sesbania cannabina* (Retz.) Pers.　　sesbania**

一年生草本。茎绿色，微被白粉，折断有白色黏液。羽状复叶；小叶 20~40 对，线状长圆形，被紫色腺点；小托叶宿存。总状花序，花少而疏松，下垂。花黄色，背面淡黄色，散生紫色点。荚果细长，微弯，具褐色斑纹。种子绿褐色。花果期 7—12 月。可能原产澳大利亚和太平洋岛屿，我国各地有分布。校内见于各荒地。

266. 槐　豆科（Fabaceae）

***Sophora japonica* L.**　**Japanese pagoda tree**

乔木。树皮褐色，具纵裂。羽状复叶；叶柄基部膨大；小叶纸质，椭圆形，4~7 对。圆锥花序，顶生。花白色，花芳香；旗瓣圆形，有紫色纹。荚果串珠状，肉质果皮。种子球形，黄绿色，干后褐色。花期 7—8 月，果期 8—10 月。全国各地多为栽培，少有野生。校内见于西区庭院和环资学院。

266a. 龙爪槐　豆科（Fabaceae）

***Sophora japonica* f. *pendula* Hort.**

槐的栽培变型。落叶乔木。与原种的区别在于：枝和小枝下垂，可弯曲盘旋成不同造型。校内见于小剧场、东区庭院。

266b. 金枝槐
豆科（Fabaceae）

***Sophora japonica* 'Winter Gold'**

槐的园艺品种。其特点是：树皮光滑；二年生的茎和枝条为金黄色。校内见于蓝田学园、校医院、蒙民伟楼。

267. 白车轴草　豆科（Fabaceae）

***Trifolium repens* L.　　white clover**

草本，全株无毛。匍匐茎；节上生根。托叶膜质，鞘状；掌状三出复叶；小叶倒卵形至近圆形，具锯齿。球形花序，顶生，比叶长。花白色，具香气；旗瓣椭圆形，比翼瓣和龙骨瓣长。荚果长圆形。种子阔卵形。花果期5—10月。原产欧洲，我国南北均有引种或逸生。校内常见栽培和逸生。

268. 蚕豆　豆科（Fabaceae）

***Vicia faba* L.　　fava bean**

一年生草本。根瘤粉红色。茎直立，中空，四棱。偶数羽状复叶；小叶椭圆形，长圆形或倒卵形，稀圆形，互生，1~5 对，无毛。总状花序，花朵丛状，腋生。花白色或紫色，具紫色脉纹和黑斑。荚果长圆形，被绒毛，肥厚。种子长方圆形，中间内凹，种皮革质。花期 4—5 月，果期 5—6 月。原产地中海沿岸地区，全国各地广泛栽培。校内见于菜地种植。

269. 小巢菜　豆科（Fabaceae）

***Vicia hirsuta* (L.) Gray　　tiny vetch**

一年生草本，攀缘或蔓生。茎有棱，无毛。偶数羽状复叶，末端卷须分支；托叶线形，具裂齿；小叶狭长圆形，4~8 对。总状花序，短于叶。花白色，或紫色；旗瓣椭圆形；龙骨瓣较短。荚果长圆形，密被棕色硬毛。花果期 2—7 月。北温带广布。校内见于西区、南华园湿地等处。

270. 救荒野豌豆　豆科(Fabaceae)

***Vicia sativa* L.**　　**common vetch**

草本。茎攀缘，具棱，被微柔毛。偶数羽状复叶，顶端卷须 2~3 分支；托叶戟形，具裂齿；小叶长椭圆形或心形，两面被柔毛。花腋生；花紫色；旗瓣长倒卵圆形；龙骨瓣最短。荚果扁圆形，熟时背腹开裂。花期 4—7 月，果期 7—9 月。原产欧洲南部、亚洲西部，现世界各地广泛分布。校内见于校友林、实验桑园、南华园湿地等处。本种与小巢菜的差别在于小叶较大，花腋生，花梗极短，荚果种子多粒。

271. 四籽野豌豆　豆科(Fabaceae)

***Vicia tetrasperma* (L.) Schreb.**　　**lentil vetch**

草本。茎攀缘，具棱，被微柔毛。偶数羽状复叶，顶端卷须；托叶三角形；小叶长圆形或线形。总状花序，花 1~2 朵。花紫色或淡蓝色；旗瓣长倒卵圆形，翼瓣与龙骨瓣等长。荚果长圆形，表皮革质。花期 3—6 月，果期 6—8 月。北半球广布。校内见于南华园湿地。本种与小巢菜的差别在于小叶先端圆，荚果种子 4 粒。

272. 赤豆（红豆） 豆科（Fabaceae）

Vigna angularis **(Willd.) Ohwi et H.Ohashi　adzuki bean**

一年生草本。全株被毛。羽状复叶，3小叶；托叶盾状；顶生小叶卵形，侧生小叶偏斜，两面被毛。花黄色；旗瓣扁圆形，顶端凹；翼瓣具瓣柄和耳；龙骨瓣顶端弯曲。荚果圆柱状。种子红色，两头截平。花期夏季，果期9—10月。原产亚洲热带地区，现我国各地有栽培。校内见于菜地种植。

273. 赤小豆 豆科（Fabaceae）

Vigna umbellata **(Thunb.) Ohwi et H.Ohashi　rice bean**

草本。幼时被毛，老时无毛。托叶披针形，盾状着生；羽状复叶；3小叶；小叶卵形，纸质，基出脉3，脉上被疏毛。总状花序，腋生，比叶短；花梗基部有腺体。花黄色；龙骨瓣右侧具附属体。荚果线状圆柱形，下垂。种子长椭圆形，暗红色。花期5—8月。分布于我国南部。校内见于各荒地。本种与赤豆的差别在于缠绕草本。

274. 豇豆　豆科（Fabaceae）

***Vigna unguiculata* (L.) Walp.**　**cowpea**

缠绕藤本，全株无毛。托叶披针形，具短距；羽状复叶，3 小叶；小叶卵状菱形，无毛。总状花序，腋生，比叶长。花紫白色，具紫斑；旗瓣扁圆形，基部具耳。荚果长线形，下垂。种子椭圆形。花期 5—8 月。原产东亚，现我国各地广泛栽培。校内见于菜地种植。

275. 紫藤　豆科（Fabaceae）

***Wisteria sinensis* (Sims) Sweet**　**Chinese wisteria**

落叶藤本，左旋。枝粗壮。奇数羽状复叶；小叶卵状披针形，纸质，3~6 对；托叶宿存。总状花序，花序轴被白毛。花紫色，芳香；旗瓣圆形，开花后反折。荚果倒披针形，密被绒毛。分布于我国各地。校内常见栽培，常攀于藤架上或修剪成灌木状。

276. 毛叶木瓜（木瓜海棠） 蔷薇科（Rosaceae）

***Chaenomeles cathayensis* (Hemsl.) C.K.Schneid.**

落叶灌木至小乔木，高 2~6m。叶片椭圆形、披针形至倒卵披针形，长 5~11cm，边缘有芒状细尖锯齿；托叶草质，肾形、耳形或半圆形。花先叶开放，2~3 朵簇生于二年生枝上。萼筒钟状；花瓣倒卵形或近圆形，淡红色或白色；雄蕊 45~50。果实卵球形或近圆柱形，黄色有红晕。花期 3—5 月，果期 9—10 月。分布于我国中南部。校内见于湖心岛。

277. 日本木瓜 蔷薇科（Rosaceae）

***Chaenomeles japonica* (Thunb.) Lindl. ex Spach　　Japanese quince**

落叶矮灌木。高约 1m，有细刺；小枝粗糙，圆柱形；冬芽三角卵形，紫褐色。叶片倒卵形至宽卵形，先端圆钝，基部楔形，边缘有圆钝锯齿；托叶肾形具圆齿。花 3~5 朵簇生，花梗无毛。萼筒钟状，外面无毛；萼片卵形，边缘有不显明锯齿；花瓣 5，红色，基部延伸呈短爪状。花期 3—6 月，果期 8—10 月。原产日本，我国常见栽培。校内见于安中大楼和纳米楼。

278. 木瓜　蔷薇科（Rosaceae）

Chaenomeles sinensis **(Thouin) Koehne　　Chinese quince**

落叶灌木或小乔木，高 5~10m；树皮呈片状剥落；无刺。叶互生；叶片椭圆状卵形或椭圆状长圆形，边缘有刺芒状锐锯齿；托叶膜质，卵状披针形。花单生叶腋；花梗粗短。萼筒钟状，萼片反折；花瓣粉红色；雄蕊多数。果实木质，熟时暗黄色。花期4月，果期 9—10 月。分布于华中至华东地区。校内见于生物实验中心旁水池边。

279. 皱皮木瓜（贴梗海棠）　蔷薇科（Rosaceae）

Chaenomeles speciosa **(Sweet) Nakai　　flowering quince**

落叶灌木，高达 2m，有刺。叶片卵形至椭圆形，长 3~9cm，先端急尖，稀圆钝，边缘具有尖锐锯齿，齿尖开展；托叶大形，草质无毛。花先叶开放，3~5 朵簇生于二年生老枝上；花梗短粗或近无梗。花直径 3~5cm；萼筒钟状；花瓣猩红色，稀淡红色或白色；雄蕊 45~50。花期 3—5 月，果期 9—10 月。分布于我国南部至缅甸。校内见于西区庭院。

280. 山楂　蔷薇科（Rosaceae）

Crataegus pinnatifida **Bunge**　　**Chinese haw**

落叶乔木，高达 6m，暗灰色或灰褐色，有刺或无。叶片宽卵形或三角状卵形，长 5~10cm，先端短渐尖；托叶草质。伞房花序具多花，直径 4~6cm。萼筒钟状，外面密被灰白色柔毛；花瓣倒卵形或近圆形，白色；雄蕊 20，短于花瓣。果实近球形或梨形，直径 1~1.5cm，深红色。花期 5—6 月，果期 9—10 月。分布于华北至东北地区。校内见于湖心岛、西区北侧树林。

281. 蛇莓　蔷薇科（Rosaceae）

Duchesnea indica **(Jacks.) Focke**　　**Indian strawberry**

多年生草本。匍匐茎，长 30~100cm。三出复叶，小叶片倒卵形至菱状长圆形，边缘有钝锯齿；托叶窄卵形至宽披针形。花单生于叶腋；直径 1.5~2.5cm；萼片卵形，副萼片倒卵形，比萼片长，先端常 3（~5）齿裂；花瓣倒卵形，黄色，先端圆钝；雄蕊 20~30；心皮多数，离生；花托在果期膨大，海绵质，鲜红色，有光泽。花期 4—5 月，果期 6—8 月。分布于我国辽宁以南各省区。校内见于各处林下，为常见杂草。

282. 枇杷　蔷薇科（Rosaceae）

Eriobotrya japonica **(Thunb.) Lindl.　　loquat**

常绿小乔木，密被锈色或灰棕色绒毛。叶革质，长椭圆状，基部楔形。圆锥花序顶生，具多数花；总花梗和花梗、花托外面与萼片密被锈色绒毛。花瓣白色，长圆形；雄蕊 20，远短于花瓣。果实黄色。种子大，1~5 粒，褐色，光亮。花期 10—12 月，果期 5—6 月。原产我国，各地广泛栽培，四川、湖北有野生者。校内常见栽培。

283. 草莓　蔷薇科（Rosaceae）

Fragaria* × *ananassa **(Duchesne ex Weston) Duchesne ex Rozier　　strawberry**

为弗吉利亚草莓（*F. virginiana*）和智利草莓（*F. chiloensis*）的杂交种。多年生草本。叶三出，小叶具短柄，倒卵形或菱形，边缘具缺刻状锯齿。聚伞花序，有两性花 5~15 朵。花瓣白色，近圆形，基部具不显的爪；雄蕊 20 枚，不等长。聚合果大，直径达 3cm，鲜红色，宿存萼片直立，紧贴于果实。花期 4—5 月，果期 6—7 月。校内见于农业试验地。

284. 棣棠花　蔷薇科（Rosaceae）

Kerria japonica **(L.) DC.　　Japanese rose**

落叶灌木，小枝绿色，嫩枝有棱。叶互生，叶片三角状卵形，先端渐尖，基部圆形，叶缘有重锯齿，叶面几乎无毛。花单生于当年生侧枝顶端；花瓣黄色，先端下凹。瘦果褐色或黑褐色，倒卵形至半球形，无毛，有皱褶。花期4—6月，果期6—8月。分布于华中至华东地区。校内见于行政楼、农生环组团。校内常见栽培棣棠花的重瓣品种。

285. 垂丝海棠　蔷薇科（Rosaceae）

Malus halliana **Koehne　　Hall crabapple**

落叶灌木。叶片卵形，先端渐尖，基部楔形至近圆形，叶缘有圆钝细锯齿，叶柄长5~25mm，幼时被疏毛，后脱落。伞形花序具花4~6朵；花梗紫色，细长下垂。萼片紫色，先端圆钝；花瓣粉红色，倒卵形。果实略带紫色，萼片脱落；果梗长2~5cm。花期3—4月，果期11月。分布于华东和西南地区。校内常见栽培。

286. 湖北海棠　蔷薇科(Rosaceae)

***Malus hupehensis* (Pamp.) Rehder**　　**Chinese crabapple**

小乔木，高达 8m。叶片卵形、卵状椭圆形或椭圆形，边缘具细锐锯齿。伞形花序具 4~6 朵花；花梗绿色，向阳面带紫红色；花萼绿色略带紫红色；花瓣粉红色或白色，倒卵形；雄蕊 20 枚；花柱 3，稀 4。果实黄绿色稍带红晕，椭圆形或近球形，直径约 8mm；萼片脱落。花期 4—5 月，果期 8—9 月。分布于华东至华南地区。校内常见栽培。

287. 三叶海棠　蔷薇科(Rosaceae)

***Malus sieboldii* (Regel) Rehder**　　**Siebold's crabapple**

高大乔木。小枝细弱，幼时被短柔毛，老时脱落，呈紫褐色；冬芽红褐色。叶片卵形，基部楔形。伞形花序集生于小枝端，苞片早脱落。萼片披针形；花瓣长倒卵形，基部有短爪。果实倒卵形或椭圆形，红色，萼片脱落。花期 5—6 月，果期 8—9 月。分布于东亚。校内见于化学实验中心、湖心岛和东六庭院。

288. 海棠花　蔷薇科（Rosaceae）

Malus spectabilis **(Aiton) Borkh.　　Asiatic apple**

乔木。叶片椭圆形，边缘有紧贴细锯齿，老叶无毛；叶柄长 1.5~2cm；托叶膜质，窄披针形，先端渐尖。花序近伞形，花梗长 2~3cm。萼筒外面几无毛；萼片三角卵形；花瓣卵形，白色；雄蕊 20~25，不齐。果实近球形，黄色，萼片宿存。花期 4—5 月，果期 8—9 月。分布于河北、江苏、陕西、山东、云南、浙江。校内见于校医院。

289. 西府海棠　蔷薇科（Rosaceae）

Malus × micromalus **Makino　　midget crabapple**

可能是海棠花和山荆子（*M. baccata*）的杂交种。落叶小乔木，树冠倒帚形，枝条向上直伸。叶片长椭圆形，先端急尖或渐尖；叶柄长 2~3.5cm。伞形花序具花 4~7 朵；花梗长 2~3cm。花瓣淡粉红色，近圆形，有短瓣柄；雄蕊约 20；花柱 5。果实红色，近球形。花期 4—5 月，果期 8—9 月。我国各地广泛栽培。校内见于迪臣南路等处。

290. 椤木石楠　蔷薇科(Rosaceae)

Photinia bodinieri **H.Lév.**

乔木。幼枝褐色,无毛。叶片革质,长卵形,边缘有刺状齿,两面皆无毛,侧脉约10对。复伞房花序顶生，直径约5cm，总花梗和花梗有柔毛。萼筒杯状,有柔毛；萼片三角形；花瓣白色,近圆形；雄蕊20,较花瓣稍短；花柱2~3,合生。花期5月。分布于我国南部至东南亚。校内见于湖心岛、西区庭院。

291. 石楠　蔷薇科(Rosaceae)

Photinia serratifolia **(Desf.) Kalkman　　Taiwanese photinia**

常绿乔木。叶片革质，长椭圆形，先端尾尖，边缘有具腺细锯齿；叶柄较长。复伞房花序顶生；总花梗和花梗无毛。花瓣白色；雄蕊20；子房顶端有柔毛，花柱2，稀3，基部合生。果实红色，后变紫褐色，球形。种子棕色。花期4—5月，果期10月。分布于我国南部至东南亚。校内见于湖心岛、藕舫中路等处。

292. 朝天委陵菜　蔷薇科（Rosaceae）

Potentilla supina **L.**

一或二年生草本，高 20~50cm。茎较粗壮，被柔毛或近无毛。基生叶为羽状复叶，小叶 5~11，小叶片长圆形或倒卵状长圆形，边缘具锯齿，两面绿色；茎生叶与基生叶相似；茎上部小叶数逐渐减少。单花，腋生，上部者呈伞房状聚伞花序；花瓣黄色，倒卵形，先端微凹。瘦果长圆形。花果期 3~10 月。广布于北半球温带及部分亚热带地区。校内见于篮球场附近沙地和医学院南侧草地。

293. 杏　蔷薇科（Rosaceae）

Prunus armeniaca **L.**　　**apricot**

落叶乔木。树冠圆形、扁圆形或长圆形；树皮灰褐色，纵裂；多年生枝浅褐色，皮孔大而横生，一年生枝浅红褐色，有光泽，无毛。叶缘有圆钝锯齿。花单生，先于叶开放；花瓣白色或带红色，具短爪。果实球形，常具红晕，微被短柔毛。花期 3—4 月，果期 6—7 月。我国南北各地广泛分布。校内见于东区庭院。

294. 樱李梅（美人梅） 蔷薇科（Rosaceae）

Prunus* × *blireana

本种为紫叶李和重瓣梅花的杂交品种。落叶小乔木。小枝暗红色。叶片卵圆形，叶缘有细锯齿，常年紫红色。花先叶开放，单生；花梗长约 1.5cm；萼筒宽钟状，萼片近圆形；花瓣淡粉色，重瓣；雄蕊多数。花期 3 月。校内见于湖心岛。

295. 紫叶李 蔷薇科（Rosaceae）

***Prunus cerasifera* 'Pissardii'** **cherry plum**

樱桃李的园艺品种。小乔木。多分枝，有时有棘刺；小枝暗红色，无毛。叶片椭圆形，边缘有圆钝锯齿，侧脉 5~8 对，常年紫色。花 1 朵；花梗长 1~2.2cm，无毛。萼筒钟状；花瓣白色；雄蕊 25~30，不齐。核果近球形或椭圆形，紫红色。花期 3 月，果期 8 月。校内常见栽培。

296. 麦李　蔷薇科（Rosaceae）

***Prunus glandulosa* Thunb.**

灌木。小枝无毛或嫩枝被短柔毛。叶片长圆披针形或椭圆披针形，先端渐尖，基部楔形，最宽处在中部，边缘有细钝重锯齿。花单生或2朵簇生，花叶同开或近同开。萼筒钟状，萼片三角状椭圆形，先端急尖，边缘有锯齿；花瓣白色或粉红色，倒卵形；核果红色或紫红色，近球形。花期3—4月，果期5—8月。校内见于西区。

296a. 粉花重瓣麦李　蔷薇科（Rosaceae）

***Prunus glandulosa* 'Sinensis'　　Chinese bush cherry**

麦李的园艺品种。花粉红色，重瓣。校内见于西区路边和云峰学园。

297. 垂枝樱

蔷薇科（Rosaceae）

***Prunus itosakura* Koidz.**

落叶大乔木。大枝横生，小枝直立或下垂。叶有柄，互生，长椭圆形，先端有细长尖，基部楔形，缘具锐尖锯齿，幼叶、成叶具软毛，3月下旬至4月上旬，叶先于花早出。花淡红白色，由数枚花组成伞形花序，花柄长。萼及花柱被毛；萼筒状，上部五裂，花瓣5，凹头，水平展开，雄蕊多数。原产日本，我国有栽培。校内见于西区庭院。

298. 梅花　蔷薇科（Rosaceae）

***Prunus mume* (Siebold) Siebold et Zucc.　　Japanese apricot**

落叶小乔木，高4~10m；小枝绿色，光滑无毛。叶片卵形或椭圆形，长4~8cm，先端尾尖，基部宽楔形至圆形。花单生或有时2朵同生于1芽内，香味浓，先于叶开放。花萼通常红褐色，萼筒宽钟形；花瓣白色至粉红色。核果近球形。花期冬春季，果期5—6月。分布于东亚。校内常见栽培，品种较多。

299. 桃　蔷薇科（Rosaceae）

Prunus persica **(L.) Batsch　　peach**

落叶乔木，高 3~8m。树皮暗红褐色。叶片长圆披针形、椭圆披针形或倒卵状披针形，先端渐尖，边缘具锯齿；叶柄具 1 至数枚腺体或无。花单生，先叶开放，花梗极短或几无梗。萼筒钟形；花瓣粉红色，罕为白色；雄蕊约 20~30；子房被短柔毛。果为核果，核大，表面具纵、横沟纹和孔穴，果肉多汁有甜味。花期 3—4 月，果期 5—9 月。原产中国，现世界各地广泛栽培。校内常见栽培。

299a. 紫叶桃
蔷薇科（Rosaceae）

Prunus persica **'Atropurpurea'**

桃的园艺品种。其特点是：叶片先紫色，后变紫带深绿色。校内有栽培。

299b. 寿星桃　蔷薇科(Rosaceae)

***Prunus persica* 'Densa'**

桃的园艺品种。其特点是：植株矮生，节间短，花芽密集。花重瓣或单瓣，花有红色、粉红色、白色。4 月起为盛花期，花期半月左右。9 月果实成熟。校内有栽培。

299c. 碧桃　蔷薇科(Rosaceae)

***Prunus persica* 'Duplex'**

桃的栽培品种。其特点是：花重瓣，淡红色。校内有栽培。

300. 樱桃　蔷薇科（Rosaceae）

***Prunus pseudocerasus* Lindl.**　**bastard cherry**

落叶乔木，高 2~8m。树皮灰白色。叶片卵形或长圆状卵形，长 5~12cm，先端渐尖或尾状渐尖，边缘有尖锐重锯齿，齿端有小腺体；叶柄先端有 1 或 2 个大腺体；托叶早落。花序伞房状或近伞形，先叶开放。萼筒钟状；花瓣白色，卵圆形；雄蕊 30~35 枚；花柱与雄蕊近等长，无毛。核果近球形，红色。花期 3 月，果期 5—6 月。我国各地广泛栽培。校内见于东区庭院。

301. 山樱花　蔷薇科（Rosaceae）

***Prunus serrulata* Lindl.**　**Japanese cherry**

落叶乔木，高 3~8m。小枝灰白色或淡褐色。叶片卵状椭圆形或倒卵椭圆形，长 5~9cm，先端渐尖，边缘有渐尖单锯齿及重锯齿，齿尖有小腺体；叶柄先端有 1~3 圆形腺体；托叶线形。花序伞房总状或近伞形，有花 2~3 朵。萼筒管状；花瓣白色，稀粉红色；雄蕊多数；花柱无毛。核果球形或卵球形，紫黑色。花期 3—4 月，果期 6—7 月。分布于东亚。校内有栽培。

301a. 日本晚樱　蔷薇科 (Rosaceae)

Prunus serrulata **var.** ***lannesiana*** **(Carrière) Makino**

山樱花的变种。与原变种的区别在于：叶卵状椭圆形至倒卵状椭圆形，边缘有带长刺芒状重锯齿，嫩时带淡紫褐色。花较大，粉红色至白色，多重瓣，花叶同时开放。萼筒钟状。花期 4 月。校内常见栽培。

302. 榆叶梅　蔷薇科 (Rosaceae)

Prunus triloba **Lindl.**　　**flowering almond**

落叶灌木，稀小乔木。枝条具许多短小枝，短枝上叶簇生，一年生的小枝叶互生。叶片椭圆形，基部宽楔形，叶缘具粗锯齿。先花后叶，萼筒宽钟形，萼片卵形或卵状披针形；花瓣近圆形，先端圆钝，有时微凹，粉红色；雄蕊多，短于花瓣；核果。分布于东北及华东地区。校内见于湖心岛。

303. 日本樱花　蔷薇科（Rosaceae）

***Prunus* × *yedoensis* Matsum.**　　**Yoshino cherry**

园艺杂交种，可能以大岛樱为父本，东部樱（*P. pendula f. ascendens*）为母本。落叶乔木，高 4~16m。树皮灰色。叶片椭圆卵形或倒卵形，先端渐尖或骤尾尖，边缘有尖锐重锯齿；叶柄顶端有1~2个腺体或无。花序伞形总状，花3~4朵，先叶开放，有香味。萼筒管状，被柔毛；花瓣白色或粉红色，先端下凹；雄蕊多数，短于花瓣。核果近球形，黑色。花期 3 月，果期 5 月。原产日本，中国各地有栽培。校内见于云峰学园、教学区、药学院等处。

304. 火棘　蔷薇科（Rosaceae）

***Pyracantha fortuneana* (Maxim.) H.L.Li**　　**Chinese firethorn**

常绿灌木。侧枝短，有枝刺。叶片长倒卵形，先端圆钝或微凹，基部楔形下延，叶缘具细钝齿，近基部全缘，两面无毛；叶柄短。复伞房花序。花白色；雄蕊 20，花药黄色；子房上部密生白色柔毛，花柱 5，离生。果实红色，近球形。花期 3—5 月，果期 8—11 月。分布于我国西南地区。校内常见栽培。

305. 沙梨　蔷薇科 (Rosaceae)

***Pyrus pyrifolia* (Burm.f.) Nakai　　Chinese pear**

乔木。小枝有时具刺。叶片卵形。伞形总状花序，具花 6~9 朵；总花梗和花梗具柔毛。萼筒外被柔毛；萼片三角披针形，被短柔毛；花瓣倒卵形；雄蕊 20，长约花瓣之半；花柱 5，基部有柔毛。果实倒卵形，萼片宿存。花期 4 月，果期 7—9 月。分布于华南地区。校内见于西区草坪及实验果园。

306. 黄木香花　蔷薇科 (Rosaceae)

***Rosa banksiae* 'Lutea'　　yellow Lady Banks' rose**

木香花的园艺品种。半常绿攀缘小灌木。枝圆柱形，无毛，有短小皮刺；老枝上的皮刺较大，坚硬。奇数羽状复叶，小叶 3~5，稀 7；小叶片椭圆状卵形至长圆披针形，边缘有紧贴细锯齿，膜质托叶呈线状披针形，离生，早落。花黄色，重瓣，无香味，多朵成伞形花序。花期 4—5 月。校内见于园林中心外墙。

307. 月季　蔷薇科（Rosaceae）

Rosa chinensis **Jacq.**　　**China rose**

落叶灌木。枝上有短粗的钩状皮刺。小叶 3~5，小叶片宽卵形，边缘有锐锯齿；托叶大部贴生于叶柄。花几朵集生，稀单生。萼片卵形，先端尾状渐尖，有时呈叶状，边缘常有羽状裂片；花瓣红色、粉红色至白色；花柱离生。果卵球形，红色。花期 4—9 月，果期 6—11 月。原产中国，世界各地广泛栽培。校内常见栽培。

308. 野蔷薇　蔷薇科（Rosaceae）

Rosa multiflora **Thunb.**　　**multiflora rose**

落叶攀缘藤本。小枝无毛，有皮刺。羽状复叶有小叶 5~9；叶轴和叶柄有短柔毛或腺毛；小叶片倒卵形，边缘有锐锯齿。花多朵排成圆锥状花序。花单瓣；萼片披针形；花瓣白色；花柱结合成束。果近球形，红色或紫褐色，无毛。花期 5—7 月，果期 10 月。分布于东亚。校内见于南华园湿地。

309. 插田泡　蔷薇科(Rosaceae)

Rubus coreanus **Miq.**　　**Korean bramble**

落叶攀缘藤本。枝条红褐色，常被白粉，具坚硬皮刺。一回羽状复叶具小叶 5~7；小叶柄、叶轴均被短柔毛并疏生钩状小皮刺；小叶片卵形。伞房状圆锥花序顶生。花托外面被短柔毛，萼片边缘具绒毛；雌蕊多数。聚合果深红至紫黑色，近球形。花期 4—6 月，果期 6—8 月。分布于东亚。校内见于南华园湿地。

310. 蓬蘽　蔷薇科(Rosaceae)

Rubus hirsutus **Thunb.**　　**hirsute raspberry**

半常绿亚灌木。枝与叶柄、小叶柄均被腺毛、柔毛及疏刺。奇数羽状复叶，小叶 3~5，小叶片卵形，边缘有不整齐重锯齿。花单生侧枝顶端；花梗长 3~6cm。花托外面密被柔毛；萼片花后反折；花瓣白色。聚合果红色，近球形，无毛。花期 3—5 月，果期 4—7 月。分布于东亚。校内见于校友林、金工实验中心南华园湿地。

311. 高粱泡　蔷薇科（Rosaceae）

Rubus lambertianus **Ser.**

半常绿攀缘藤本。茎散生钩状小皮刺。单叶；叶片宽卵形，稀长圆状卵形，边缘有微锯齿；叶柄长 2~5cm。圆锥花序顶生，被柔毛。萼片三角状卵形，两面均被白色短柔毛；花瓣白色；雌蕊通常无毛。聚合果红色，球形。花期 7—8 月，果期 9—11 月。分布于东亚。校内见于生物实验中心、南华园湿地。

312. 茅莓　蔷薇科（Rosaceae）

Rubus parvifolius **L.**　　**Japanese raspberry**

落叶灌木。枝被柔毛和稀疏钩状皮刺。小叶 3 枚，边缘有不整齐粗锯齿；叶柄均被柔毛和稀疏小皮刺。伞房花序顶生或腋生，具花数朵至多朵；花梗具柔毛。花瓣卵圆形或长圆形，粉红色；雄蕊花丝白色；子房具柔毛。果实卵球形，红色，无毛。花期 5—6 月，果期 7—8 月。分布于东亚。校内见于金工实验中心北侧林下及南华园湿地。本种与插田泡的差别在于小叶常为 3，花萼外面有刺。

313. 粉花绣线菊　蔷薇科（Rosaceae）

***Spiraea japonica* L.f.**　　**Japanese meadowsweet**

灌木。枝条细长，无毛或幼时被短柔毛。叶片卵形至卵状椭圆形，边缘有缺刻状重锯齿或单锯齿；叶柄短。复伞房花序生于当年生直立新枝顶端，花密集。花瓣5，粉红色；雄蕊25~30，远较花瓣长。蓇葖果半开张，无毛或沿腹缝有疏柔毛。花期6—7月，果期8—9月。分布于东亚。校内见于东区庭院、蒙民伟楼等处。

314. 单瓣李叶绣线菊　蔷薇科（Rosaceae）

***Spiraea prunifolia* var. *simpliciflora* (Nakai) Nakai**　　**bridal wreath**

李叶绣线菊的变种。花为单瓣，萼筒钟状，内外两面均被短柔毛；萼片卵状三角形，先端急尖，外面微被短柔毛，内面毛较密；花瓣宽倒卵形，先端圆钝，花盘圆环形，具10个明显裂片；子房具短柔毛，花柱短于雄蕊。蓇葖果仅在腹缝上具短柔毛，开张，花柱顶生于背部，具直立萼片。花期3—4月，果期4—7月。分布于华东部分省区。校内见于校医院南侧。

315. 佘山羊奶子　胡颓子科（Elaeagnaceae）

Elaeagnus argyi **H.Lév.**

半常绿或常绿直立灌木，高 2~3m。常具刺，幼枝淡黄绿色，密被淡黄白色鳞片，老枝灰黑色。叶大小不等，发于春季的为小型叶，发于秋季的为大型叶。花淡黄色，被银白色和淡黄色鳞片。果实长圆形，幼时被银白色鳞片，熟时红色。花期 1—3 月，果期 4—5 月。分布于华东地区。校内见于蓝田学园、东区庭院。本种与胡颓子差别在于花期 1—3 月，叶背无锈色鳞片。

316. 胡颓子　胡颓子科（Elaeagnaceae）

Elaeagnus pungens **Thunb.**　　**silverthorn**

常绿直立灌木。茎具深褐色刺，刺顶生或腋生，幼枝密被锈色鳞片，老枝鳞片脱落呈黑色。叶革质，互生，椭圆形，边缘皱波状，上面幼时被银色及褐色鳞片，成熟后鳞片脱落，下面密被银色及褐色鳞片。花白色，下垂，密被鳞片；萼筒圆筒形。果实椭圆形，成熟时红色。花期 9—12 月，果期次年 4—6 月。分布于华东地区至日本。校内见于基础图书馆和西区。

316a. 金边胡颓子　胡颓子科（Elaeagnaceae）

Elaeagnus pungens **'Variegata'**

胡颓子的园艺品种。其特点是：树冠圆形开展。叶椭圆形，革质有光泽，深绿色，边缘有一圈金边。校内见于校友林、基础图书馆。

317. 枳椇（拐枣）　鼠李科（Rhamnaceae）

Hovenia acerba **Lindl.**

高大乔木，高可达20m以上。小枝褐色或黑紫色，有明显白色的皮孔。叶互生卵形或椭圆状卵形，长7~17cm，边缘有整齐浅钝的细锯齿。聚伞花序，顶生和腋生。花两性，黄绿色；花瓣匙形。果序轴明显膨大，成熟时可食；浆果状核果近球形，成熟时黄褐色或棕褐色。种子暗褐色或黑紫色。花期5—7月，果期8—10月。分布于中国、印度和尼泊尔。校内见于校友林。

318. 枣树　鼠李科（Rhamnaceae）

***Ziziphus jujuba* Mill.　　jujube**

落叶小乔木，高可达 10m以上。树皮褐色或灰褐色，呈之字形曲折，具 2 个托叶刺。叶卵形至卵状椭圆形，基部稍不对称，具三出脉。花黄绿色，两性，单生或 2~8 个密集成腋生聚伞花序；花瓣 5；子房下部藏于花盘内，2 室，每室有 1 胚珠。核果矩圆形或长卵圆形，中果皮肉质，味甜。花期 5—7 月，果期 8—9 月。原产我国，现亚洲、欧洲和美洲有栽培。校内见于白沙学园。

319. 垂枝光叶榆　榆科（Ulmaceae）

***Ulmus glabra* 'Pendula'　　Camperdown weeping elm**

光叶榆的园艺品种。落叶乔木，枝条下垂，具“Z”字形。树皮灰褐色，不规则纵裂。叶互生，暗绿色，圆形，羽状脉明显直伸叶缘，叶面粗糙，先端突尖，秋叶呈黄色。花两性，先花后叶。果实亮绿色。花期 4—5 月。校内见于金工实验中心周围路边。

320. 榔榆　榆科(Ulmaceae)

***Ulmus parvifolia* Jacq.　　Chinese elm**

落叶乔木，高可达20m以上。树冠广圆形，树皮块状脱落，一年生枝具短柔毛。叶互生，小型，厚革质，披针状卵形，基部偏斜，多为单锯齿。花簇生；花被片4，花梗极短。翅果卵状椭圆形，顶端具缺口。花果期8—10月。分布于东亚。校内见于校友林、东区庭院。

321. 榆树　榆科(Ulmaceae)

***Ulmus pumila* L.　　Siberian elm**

落叶乔木，有时灌木状。幼树树皮平滑，长大后呈深纵裂。叶互生，小型，椭圆状卵形，基部偏斜，边缘具重锯齿、单锯齿。花先叶开放，成簇生状。翅果近圆形，顶端缺口，4浅裂；果梗比花被短，被短柔毛。花果期3—6月。分布于东北、华北、西北及西南地区。校内见于西区大草坪南侧。本种与榔榆的差别在于树皮纵裂，春季开花结果。

321a. 垂枝榆　榆科(Ulmaceae)

***Ulmus pumila* 'Tenue'**

榆树的园艺品种。其特点是：上部的主要树干不明显，分枝较多，树冠伞形。树皮灰白色，较光滑。一至三年生枝下垂而不卷曲或扭曲。校内见于东区庭院。

322. 大叶榉树　榆科(Ulmaceae)

***Zelkova schneideriana* Hand.-Mazz.　　Schneider's zelkova**

落叶乔木，高可达30m以上。树皮灰褐色；冬芽常2个并生，卵状球形。叶互生，厚纸质，卵形至椭圆状披针形，基部稍偏斜，边缘具圆齿状锯齿，叶背面密生柔毛。雄花1~3朵，雌花、两性花单生叶腋。核果上面偏斜，凹陷，具宿存的花被。花期4月，果期9—11月。分布于我国各地。校内见于农医图书馆、医学院等处。

323. 糙叶树　大麻科（Cannabaceae）

Aphananthe aspera **(Thunb.) Planch.　　muku tree**

落叶乔木，高可达 25m。树皮带褐色，纵裂，粗糙，当年生枝黄绿色，疏生细伏毛，老枝灰褐色，圆形皮孔明显。单叶互生，纸质，卵形至卵状椭圆形，边缘锯齿有尾状尖头，基部 3 出脉，叶面粗糙，叶柄被细伏毛，托叶膜质。雄花呈聚伞花序生于新枝的下部叶腋；雌花单生于新枝的上部叶腋。核果近球形，由绿变黑，被细伏毛。花期 3—5 月，果期 8—10 月。分布于中国、日本、朝鲜和越南。校内见于校友林附近。本种与朴树差别在于侧脉直达齿尖。

324. 珊瑚朴　大麻科（Cannabaceae）

Celtis julianae **C.K.Schneid.　　Julian hackberry**

落叶乔木，高达 25m。一年生枝、叶下面及叶柄均密被黄褐色绒毛。叶片厚纸质，宽卵形或卵状椭圆形，长 6~10（~12）cm，上面稍粗糙。花杂性同株。核果单生叶腋，卵球形，长 1~1.5cm，橙红色；果梗长 1.5~2.5cm，密被绒毛。花期 4—5 月，果期 9—10 月。分布于华中至华东地区。校内见于蓝田学园、校友林湖心岛等处。本种与朴树差别在于小枝、叶背密被绒毛。

325. 朴树　大麻科(Cannabaceae)

Celtis sinensis **Pers.　　Chinese hackberry**

落叶乔木。树皮灰色平滑，一年枝具密毛。叶互生，革质，宽卵形至狭卵形，中部以上边缘有浅锯齿，三出脉。两性花和单性花同株，1~3 朵生于当年枝的叶腋；花被片 4；雄蕊 4；柱头 2。核果近球形，红褐色；果柄和叶柄近等长。花期 3—4 月，果期 9—10 月。分布于华东地区。校内常见栽培。

326. 葎草　大麻科(Cannabaceae)

Humulus scandens **(Lour.) Merr.　　Janpanese hop**

一年生或多年生蔓性草本，具倒钩刺。叶对生，纸质，掌状 5~7 深裂稀 3 裂，有锯齿；表面具糙毛，背面具腺体。雄花小，黄绿色，圆锥花序；雌花序球果状，子房被苞片包围，柱头 2，伸出苞片外。瘦果扁圆形，淡黄色。花期春夏。原产东亚至越南，现归化于欧洲和北美洲。校内有生长，为常见杂草。

327. 楮（小构树） 桑科（Moraceae）

Broussonetia kazinoki **Siebold**

灌木，高 2~4m。小枝斜上，幼时被毛，成长脱落。叶卵形至斜卵形，先端渐尖至尾尖，基部近圆形或斜圆形，边缘具三角形锯齿，表面粗糙，背面近无毛。花雌雄同株；雄花序球形头状，雌花序球形，被柔毛，花被管状，花柱单生。聚花果球形，瘦果扁球形，外果皮壳质，表面具瘤体。花期 4—5 月，果期 5—6 月。分布于东亚及东南亚。校内见于东六庭院。

328. 构树 桑科（Moraceae）

Broussonetia papyrifera **(L.) L'Hér. ex Vent.** **paper mulberry**

乔木。树皮暗灰色，小枝密被绒毛。叶互生，宽卵形，3~5 不规则深裂；基生叶脉三出；上面暗绿色，具糙伏毛，下面灰绿色，密被柔毛；托叶卵形。花雌雄异株；雄花序粗壮；雌花序球形头状。聚花果成熟时橙红色，肉质。花期 5 月，果期 8—9 月。分布于东亚、东南亚至太平洋岛屿。校内见于校友林、实验桑园、南华园等处。本种与小构树差别在于乔木，雌雄异株，雄花序为柔荑花序。

329. 水蛇麻　桑科（Moraceae）

Fatoua villosa **(Thunb.) Nakai　　hairy crabweed**

一年生直立草本。茎基部木质化，小枝绿色。叶互生，卵形至卵状披针形，边缘有钝齿，基部稍下延成叶柄，两面被粗糙贴服柔毛。花序腋生；花单性。花期 5—8 月，果期 8—10 月。分布于东亚、东南亚和澳大利亚。校内见于长兴林林下。

330. 无花果　桑科（Moraceae）

Ficus carica **L.　　Common fig**

灌木至小乔木。叶互生，掌状 3~5 裂，厚纸质；托叶三角状卵形，红色，脱落后具明显托叶痕。雌雄异株，隐头花序单生叶腋，雄花与瘿花同生一花序，雄花花被片 4~5，雄蕊 2；瘿花花柱侧生，短；雌花花被 4~6，有长梗。榕果大而梨形，味甜可食。花果期 5—7 月。原产地中海沿岸，现世界各地广泛栽培。校内见于化学实验中心、生物实验中心和东区庭院。

331. 印度榕(橡皮树) 桑科(Moraceae)

Ficus elastica **Roxb. ex Hornem.** **rubber fig**

高大乔木，幼时附生。树皮平滑。叶厚革质，长圆形至椭圆形，先端急尖，基部宽楔形，全缘；叶柄粗壮；托叶膜质，脱落疤痕明显。隐头花序成对生于已落叶枝叶腋，长卵圆形，基生苞片风帽状。瘦果卵圆形。花期冬季。原产不丹、印度，现世界各地广泛栽培。校内见于室内盆栽和生科院玻璃大厅。

332. 薜荔 桑科(Moraceae)

Ficus pumila **L.** **creeping fig**

常绿木质藤本。叶二型：营养枝叶片小，薄革质；果枝叶片较大，革质，网脉明显，呈蜂窝状。隐头花序单生叶腋，苞片 3；雄花与瘿花同生一花序，花序瘦梨形，雄花生内壁口部，具梗，萼片 3~4，雄蕊 2~3，瘿花萼片 4~5；雌花花序较大，近球形，雌花梗较长，萼片 4~5。花果期 5—8 月。分布于中国、日本和越南。校内见于蒙民伟楼(果枝)和校友林林下(营养枝)。

333. 柘　桑科（Moraceae）

Maclura tricuspidata **Carrière　silkworm thorn**

落叶灌木或小乔木。树皮灰褐色，小枝无毛，略具棱，有棘刺；冬芽赤褐色。叶卵形或菱状卵形，偶为三裂，先端渐尖，表面深绿色，背面绿白色。雌雄异株，雌雄花序均为球形头状花序，单生或成对腋生；花被片 4，肉质，先端肥厚，内卷，花被片与雄花同数，子房埋于花被片下部。聚花果近球形，肉质，成熟时橘红色。花期 5—6 月，果期 6—7 月。分布于东亚。校内见于南华园湿地。

334. 桑　桑科（Moraceae）

Morus alba **L.　white mulberry**

落叶乔木或灌木，具乳汁。冬芽红褐色，芽鳞复瓦状。叶卵形，边缘具粗锯齿，有时缺裂；叶柄被柔毛，托叶早落。花单性，雌雄异株；雄花序下垂，被白毛，花被绿色，花药 2 室；雌花序直立，无毛。聚花果，小果为瘦果，具肉质花萼，可食用。花期 4—5 月，果期 5—8 月。原产我国中部和北部，现世界各地有栽培。校内见于湖心岛、西区庭院、实验桑园等处。

335. 苎麻　荨麻科（Urticaceae）

Boehmeria nivea **(L.) Gaudich.　　ramie**

灌木，高可达 1.5m。茎上部与叶柄均密被长硬毛、短糙毛。叶互生，叶片草质，通常圆卵形，长 5~15cm，宽 4~11cm，边缘为牙齿状锯齿，托叶分生。圆锥花序腋生。雄花：花被片 4，雄蕊 4；雌花：花被果期菱状倒披针形。瘦果近球形。花期 8—10 月。分布于东亚至东南亚。校内林下常见生长。

336. 糯米团　荨麻科（Urticaceae）

Gonostegia hirta **(Blume ex Hassk.) Miq.**

草本。茎蔓生，长可达 1m上，上部带四棱形。叶对生，叶片草质，宽披针形，长 1~10cm，宽 1~2.8cm，边缘全缘。团伞花序腋生，雌雄异株。雄花：花被片 5，分生，雄蕊 5；雌花：花被有疏毛，果期呈卵形。瘦果卵球形，白色、黑色。花期 5—9 月。亚洲和澳大利亚广布。校内见于长兴林林下。

337. 毛花点草　荨麻科（Urticaceae）

Nanocnide lobata **Wedd.**

草本。铺散丛生，长在50cm以下。叶膜质，宽卵形至三角状卵形，长1~2cm，宽1~1.8cm，边缘具粗齿。雄花序常生于枝的上部叶腋，雌花序常组成团聚伞花序。雄花花被常5深裂；雄蕊(4) 5；雌花花被片长过子房。瘦果卵形，压扁，褐色。花期4—6月，果期6—8月。分布于华南地区至越南。校内偶见于各处草地中。

338. 花叶冷水花　荨麻科（Urticaceae）

Pilea cadierei **Gagnep. et Guill.　　watermelon pilea**

草本，无毛，高在50cm以下。叶多汁，倒卵形，长2.5~6cm，宽1.5~3cm，边缘具浅牙齿状锯齿，上面中央有2条间断的白斑。花雌雄异株；雄花序头状，常成对生于叶腋。花期9—11月。原产贵州、云南至越南。校内见于花坛栽培。

339. 雾水葛　荨麻科 (Urticaceae)

Pouzolzia zeylanica **(L.) Benn.**　　**graceful pouzolzsbush**

草本，高在 50cm以下。不分枝。叶对生，草质，卵形，长 1~3.8cm，宽0.8~2.6cm，边缘全缘，两面有疏伏毛。团伞花序通常两性；雄花花被片 4，雄蕊 4；雌花花被顶端有 2 小齿，外面密被柔毛。瘦果卵球形，淡黄白色。花期秋季。亚洲热带地区广布。校内见于生命科学学院附近。

340. 苦槠　壳斗科 (Fagaceae)

Castanopsis sclerophylla **(Lindl. et Paxton) Schottky**　　**Chinese tanbark-oak**

乔木。树皮褐色，纵裂，与青冈区别。叶片长椭圆形，革质，具锯齿，叶背浅绿色。雄花序穗状，腋生，雌花序长。壳斗圆球形，有鳞片状小苞片包裹，呈突起状，坚果 1，圆球形。花期 4—5 月，果期 10—11 月。分布于长江以南五岭以北地区。校内常见栽培。

341. 青冈　壳斗科（Fagaceae）

***Cyclobalanopsis glauca* (Thunb.) Oerst.　　ring-cupped oak**

常绿乔木。树皮光滑。叶片长椭圆形，革质，叶缘有锯齿，叶背被白毛，浅绿色。雄花序穗状，被毛，雌花序白色，下垂。壳斗碗形，包裹坚果下部，坚果长卵形，有细尖。花期 4—5 月，果期 10 月。分布于东亚至东南亚。校内见于校友林。本种与苦槠差别在于树皮不纵裂，壳斗碗型。

342. 柯（石栎）　壳斗科（Fagaceae）

***Lithocarpus glaber* (Thunb.) Nakai　　Japanese oak**

乔木。全株被绒毛。叶长椭圆形，革质，全缘，叶背有蜡层。雄花序穗状，圆锥花序或单穗，雌花序花少。果序被毛，壳斗浅碗状，木质，包裹坚果下部，坚果椭圆形，熟时褐色，被白霜。花期 7—11 月，果期次年。分布于中国和日本。校内见于松柏林。

343. 麻栎　壳斗科（Fagaceae）

Quercus acutissima **Carruth.**　　**sawtooth oak**

落叶乔木。树皮褐色，纵裂，具皮孔。叶披针形，具芒状锯齿，两面同色，嫩叶被柔毛。雄花序穗状浅黄色，下垂，腋生。壳斗碗状，包裹坚果下部，有条形小苞片向外卷曲，坚果卵形，顶端圆形，果脐突起。花期 3—4 月，果期翌年 9—10 月。用作木材。分布于秦岭以南各地。校内见于校友林。

344. 小叶栎　壳斗科（Fagaceae）

Quercus chenii **Nakai**

落叶乔木。树皮黑褐色，纵裂。叶卵状披针形，具芒状锯齿。雄花序穗状，浅黄色，花药黑色，被柔毛。壳斗碗状，包裹坚果下部，有条形小苞片向外卷曲，中下部小苞片紧贴壳斗壁，坚果长椭圆形。花期 3—4 月，果期 9—10 月。分布于华中至华东地区。校内见于校友林。本种与麻栎差别在于叶狭窄，边缘起伏不平。

345. 白栎　壳斗科（Fagaceae）

Quercus fabri **Hance**

落叶乔木或灌木。树皮褐色，纵裂，小枝密被绒毛。叶倒卵形，具波状锯齿，嫩叶两面被毛。雄花序穗状，浅黄色，花聚集，被绒毛。壳斗碗状，包裹坚果下部，小苞片鳞片状紧密排列，坚果椭圆形。花期 4 月，果期 10 月。分布于华东、华中、华南和西南地区。校内见于校友林。

346. 杨梅　杨梅科（Myricaceae）

Morella rubra **Lour.**　　**yumberry**

常绿乔木或灌木。树冠圆球形。叶革质，聚生于枝顶，长椭圆状，中部以上有锯齿；无托叶。雌雄异株，稀同株，雄花序穗状，基部苞片不孕，可孕苞片宽卵形，内生 1 雄花，小苞片 4~5，雄蕊 2~5，雌花序单生，苞片复瓦状排列。核果球形。4 月开花，6—7 月果实成熟。分布于东亚及菲律宾。校内见于校友林、东区庭院等多处。

347. 美国山核桃（薄壳山核桃） 胡桃科（Juglandaceae）

Carya illinoinensis **(Wangenh.) K.Koch　　pecan**

落叶乔木。树皮粗糙，深纵裂。奇数羽状复叶，具9~17枚小叶，小叶通常稍成镰状弯曲，基部歪斜，顶端渐尖，边缘具单锯齿或重锯齿。雄性葇荑花序3条1束，雌性穗状花序直立。果实矩圆状，有4条纵棱，外果皮革质4瓣裂，内果皮平滑。花期5月，果期9—11月。原产美国和墨西哥，世界各地有栽培产碧根果（pecan）。校内见于基础图书馆南侧。

348. 枫杨　胡桃科（Juglandaceae）

Pterocarya stenoptera **C.DC.　　Chinese wingnut**

落叶乔木。叶多为偶数或稀奇数羽状复叶，叶轴具翅，小叶10~16枚，对生或稀近对生，边缘有向内弯的细锯齿，上面被有细小的浅色疣状凸起。雄性葇荑花序长约6~10cm，生于叶腋，雌性葇荑花序顶生，长约10~15cm。翅果。花期4—5月，果期8—9月。分布于东亚。校内见于校友林、湖心岛等处。

349. 普陀鹅耳枥　桦木科（Betulaceae）

Carpinus putoensis **W.C.Cheng　　Putuo hornbeam**

落叶乔木。叶片厚纸质，椭圆形，边缘具不规则的尖锐重锯齿，被毛。花单性，雌雄同株，雄花无花被，每总苞内具 1 朵雄花，雌花有花被，每总苞内具 2 朵雌花；子房下位。果序长 4~8cm，密生皮孔和柔毛，果苞大，具齿，小坚果宽卵形，有柔毛和腺体。特产于我国舟山群岛（普陀），杭州有栽培。校内见于西区北侧树林。

350. 盒子草　葫芦科（Cucurbitaceae）

Actinostemma tenerum **Griff.**

一年生柔弱草本。茎纤细，近无毛。叶片多样，心状戟形、心状狭卵形或针状三角形，叶两面有稀疏疣状突起，叶柄细长，被柔毛。雄花总状或圆锥状花序，花冠裂片披针形，雄蕊 5；雌花花冠与雄花相同。花期 7—9 月，果期 9—11 月。分布于东亚至东南亚。校内见于启真湖边。

351. 冬瓜　葫芦科（Cucurbitaceae）

Benincasa hispida **(Thunb.) Cogn.　　winter melon**

一年生蔓生或架生草本。茎密被黄褐色毛，有棱沟。叶片肾状近圆形，边缘有小齿，叶脉在下面隆起，密被毛。雌雄同株，花单生；雄花花萼密被长柔毛，花冠黄色，辐状，雄蕊 3；雌花花萼和花冠与雄花相同。果实大型，具白霜。原产南亚和东南亚，亚洲各地广泛栽培。校内见于菜地种植。

352. 西瓜　葫芦科（Cucurbitaceae）

Citrullus lanatus **(Thunb.) Matsum. et Nakai　　watermelon**

一年生蔓生藤本。茎、枝具棱沟，密被柔毛，卷须 2 歧。叶片轮廓三角状卵形，3 深裂。雌雄同株，花单生，雄花花萼密被长柔毛，花冠淡黄色，裂片卵状长圆形，雄蕊 3；雌花单生，花萼和花冠与雄花相同。果实近球形，肉质多汁。花果期夏季。原产西非，世界各地广泛栽培。校内见于荒地逸生。

353. 黄瓜　葫芦科（Cucurbitaceae）

Cucumis sativus **L.**　　**cucumber**

一年生蔓生或攀缘草本。茎、枝具棱沟，被白色粗毛，卷须不分歧。叶片宽卵心形，掌状3~5裂，两面被粗硬毛。雌雄同株，雄花簇生于叶腋，花萼筒近圆筒形，被柔毛，花冠黄白色，雄蕊3；雌花单生，花萼和花冠与雄花同。果实具刺尖瘤状突起。花果期夏季。原产印度，世界各地广泛栽培。校内见于菜地种植。

354. 南瓜　葫芦科（Cucurbitaceae）

Cucurbita moschata **Duchesne**　　**crookneck squash**

一年生蔓生草本。茎具棱沟，常节上生根，卷须3~4分歧。叶片卵圆形，5浅裂或有5角，上面常有白斑，两面被毛。雌雄同株，花单生，雄花花冠钟形，黄色，裂片有皱纹，雄蕊3；雌花花冠与雄花相同，柱头3。瓠果形状多样。花期6—8月，果期9—10月。原产中美洲，世界各地广泛栽培。校内见于菜地种植。

355. 瓠子　葫芦科(Cucurbitaceae)

***Lagenaria siceraria* 'Hispida'**　**calabash**

葫芦的栽培品种。一年生攀缘草本。茎、枝具棱沟，被黏质长柔毛，卷须 2 歧。叶片卵状心形或肾状卵形，边缘具不规则齿，两面被微柔毛。雄花花冠黄色,裂片皱波状,雄蕊 3；雌花花萼和花冠与雄花同。花期夏季，果期秋季。与原种不同之处为：子房圆柱状，果实粗细匀称而呈圆柱状，直或稍弓曲。校内见于菜地种植。

356. 丝瓜　葫芦科(Cucurbitaceae)

***Luffa cylindrica* (L.) M.Roem.**　**sponge gourd**

一年生攀缘草本。枝、茎被柔毛，有棱沟，卷须 2~4 歧。叶片三角形或圆形，掌状 5~7 裂，掌状脉，被白色柔毛。雄花总状花序，萼片宽钟形，被柔毛，花冠黄色，辐状，雄蕊 5；雌花单生，花冠和花萼与雄花相同。果实具深色纵条纹。花果期夏、秋两季。原产南亚和东南亚，亚洲各地广泛栽培。校内见于菜地种植。

357. 苦瓜　葫芦科（Cucurbitaceae）

***Momordica charantia* L.**　**bitter melon**

一年生攀缘草本。茎、枝被柔毛，卷须不分歧。叶片轮廓卵状肾形或近圆形，膜质；掌状脉，脉上密被柔毛。雌雄同株，雄花单生，萼片被白色柔毛；花冠黄色，被柔毛；雄蕊3。雌花单生，花冠和花萼同雄花，果实多瘤皱。花果期5—9月。广泛栽培于世界热带到温带地区，成熟果实名"金铃子"、"红瓤"。校内见于菜地种植。

358. 王瓜　葫芦科（Cucurbitaceae）

***Trichosanthes cucumeroides* Maxim.**

多年生攀缘藤本。块根纺锤形，茎细弱，被柔毛。卷须2歧。叶片轮廓宽卵形或圆形，3~5浅裂或深裂，两面被毛。雌雄异株，雄花冠白色，裂片长圆状卵形；雄蕊3，退化雌蕊刚毛状；雌花花冠与雄花同。果实熟时为橙红色。花期5—8月，果期8—11月。分布于华东、华中、华南和西南地区。校内见于东六。

359. 马㼎儿　葫芦科（Cucurbitaceae）

***Zehneria japonica* (Thunb.) H.Y.Liu**

一年生平卧或攀缘草本。茎、枝有棱沟，无毛，卷须不分歧。叶片膜质，常为三角状卵形或戟形，掌状脉，脉上有柔毛。雌雄同株，雄花花冠淡黄色，裂片卵状长圆形，雄蕊 3；雌花花冠宽钟形，裂片披针形。果球形，熟时为棕红色。

花果期 7—10 月。分布于华东至西南地区。校内见于南华园湿地。

360. 四季秋海棠　秋海棠科（Begoniaceae）

***Begonia cucullata* Willd.　　clubbed begonia**

多年生肉质草本。茎上部无毛或被疏毛。叶互生，卵形或宽卵形，先端急尖或钝，基部微偏斜，边缘具小齿和缘毛。聚伞花序。花红色、淡红色或白色；雄花花被 4，较大；雌花较小，花被 5。蒴果具 3 翅，其中 1 翅较大。花期 3—12 月。原产南美洲，世界各地广泛栽培。校内见于花坛栽培。

361. 扶芳藤　卫矛科（Celastraceae）

***Euonymus fortunei* (Turcz.) Hand.-Mazz.　　Fortune's spindle**

常绿藤本灌木。茎枝有多数气生根。叶椭圆形、长方椭圆形或长倒卵形，薄革质，长 3.5~8cm。聚伞花序 3~4 次分枝。花白绿色，4 基数，直径约 6mm，花盘方形。蒴果黄红色，近球状，直径 1cm。花期 6 月，果期 10 月。分布于东亚至东南亚。校内见于南华园湿地、医学院等处。

362. 冬青卫矛（大叶黄杨）　卫矛科（Celastraceae）

***Euonymus japonicus* Thunb.　　Japanese spindle**

常绿灌木或小乔木。叶革质，倒卵形或椭圆形，长 3~6cm，边缘浅钝齿。聚伞花序腋生。花白绿色，直径 5~7mm，花盘肥。蒴果淡红色，近球形；假种皮橘红色。花期 6—7 月，果期 9—10 月。原产日本，世界各地广泛栽培。校内常见栽培。本种与扶芳藤的差别在于不为藤状。

362a. 金边冬青卫矛　卫矛科（Celastraceae）

Euonymus japonicus **'Aureo-marginatus'**

冬青卫矛的园艺品种。其特点是：叶缘金黄色。

363. 白杜（丝棉木）　卫矛科（Celastraceae）

Euonymus maackii **Rupr.**

落叶小乔木，高达6m。叶卵状椭圆形、卵圆形或窄椭圆形，长4~8cm，边缘具细锯齿，先端多为长渐尖。聚伞花序。花4基数，白绿色或黄绿色，直径约7mm，花盘肥大，雄蕊花药紫红色。蒴果粉色，4浅裂；假种皮橙红色。花期5—6月，果期9月。

分布于东亚。校内见于西区北侧树林、迪臣南路路边。

364. 大果卫矛　卫矛科（Celastraceae）

Euonymus myrianthus **Hemsl.**

常绿灌木，高 1~6m。叶革质，倒卵形、窄倒卵形或窄椭圆形，长 5~13cm，边缘具锯齿。聚伞花序 2~4 次分枝。花 4 基数，直径 10mm，花瓣黄色，近倒卵形，花盘四角有圆形裂片，雄蕊着生裂片中央小突起上。蒴果黄色，长 1.5cm；假种皮桔黄色。分布于长江流域以南地区。校内见于东六庭院。

365. 关节酢浆草　酢浆草科（Oxalidaceae）

Oxalis articulata **Savigny　　pink sorrel**

草本，高 10~35cm。茎多分枝，直立或匍匐，匍匐茎节上生根。叶基生；小叶 3，倒心形，绿色。花单生或数朵集为伞形花序状，腋生。花瓣 5，紫色，长圆状倒卵形。蒴果长圆柱形。花果期 2—9 月。原产南美洲，我国有栽培和逸生。校内见于长兴林、化学实验中心等处。本种与红花酢浆草差别在于叶片较小，花瓣基部不为绿色。

366. 酢浆草　酢浆草科（Oxalidaceae）

Oxalis corniculata **L.**　　**procumbent yellow sorrel**

多年生草本。茎细弱，被疏柔毛，常平卧。三出复叶掌状；叶柄基部具关节；小叶无柄，倒心形。聚伞花序伞形状，腋生；总花梗与叶近等长；小苞片 2，膜质。萼片 5，宿存；花瓣 5，黄色；雄蕊 10，5 长 5 短；花丝基部合生。蒴果长圆柱形。花果期 2—9 月。全球广布。校内见于各路边、草丛，为常见杂草。

367. 红花酢浆草　酢浆草科（Oxalidaceae）

Oxalis corymbosa **DC.**　　**pink woodsorrel**

多年生直立草本，被毛。无地上茎，有地下鳞茎，肉质；掌状三出复叶，基生；叶柄长；小叶 3，无柄，扁圆状倒心形，散布小腺体。总花梗基生，复伞形花序。萼片 5；花瓣 5；雄蕊 10 枚，5 长 5 短；花柱 5，柱头浅 2 裂。蒴果短角果状。花果期 3—12 月。原产南美洲，我国有栽培和逸生。校内见于东七、生命科学学院玻璃大厅。

368. 直立酢浆草　酢浆草科（Oxalidaceae）

***Oxalis stricta* L.　upright yellow sorrel**

多年生草本；全株被白色柔毛。茎直立，分枝少。三出复叶掌状，互生；托叶小；叶柄基部具关节；小叶无柄，倒心形。伞形花序腋生，花 1~6 朵；总花梗淡红色；小苞片 2，膜质。萼片 5，宿存；花瓣 5，黄色；雄蕊 10，5 长 5 短；花丝基部合生。蒴果长圆柱形。分布于亚洲东部和北美洲。校内见于校友林林下。本种与酢浆草的差别在于茎直立。

369. 紫叶酢浆草　酢浆草科（Oxalidaceae）

***Oxalis triangularis* subsp. *papilionacea* (Hoffmanns. ex Zucc.) Lourteig**

purpleleaf false shamrock

三角叶酢浆草的亚种。多年生宿根草本。根系为半透明的肉质根。叶从茎顶长出，每一叶片又连接地下茎的每一个鳞片；叶为三出掌状复叶，簇生，全叶紫色，生于叶柄顶端，呈等腰三角形；总叶柄长 15~31cm。伞形花序有花 5~8 朵，浅粉色，花瓣 5 枚。蒴果近圆柱状，5 棱，有短柔毛。原产巴西，世界各地有栽培。校内见于校友林。

370. 中华杜英　杜英科(Elaeocarpaceae)

Elaeocarpus chinensis **(Gardner et Champ.) Hook.f. ex Benth.**

常绿乔木或小乔木，高 3~7m。嫩枝疏被柔毛，老枝秃净。叶薄革质，近披针形，聚生于枝顶端，叶下面有细小黑腺点。总状花序。花两性或单性，黄白色；萼片 4，披针形；花瓣 5，长圆形；雄蕊 8~10，子房 2 室。核果椭圆形。花期 5—6 月。分布于我国南部至越南。校内见于校友林、东区庭院。

371. 秃瓣杜英　杜英科(Elaeocarpaceae)

Elaeocarpus glabripetalus **Merr.**

乔木，高 12m。嫩枝有棱，红褐色；老枝圆柱形，暗褐色。叶纸质或膜质，倒披针形，边缘有小钝齿。总状花序。萼片 5，披针形，被毛；花瓣 5，白色；雄蕊 20~30，花丝极短；花盘 5 裂，被毛。核果椭圆形。花期 7 月。分布于我国南方地区。校内常见作行道树栽培。本种与中华杜英差别在于叶柄短，花瓣撕裂成流苏状。

372. 日本杜英　杜英科（Elaeocarpaceae）

***Elaeocarpus japonicus* Siebold**

常绿乔木。嫩枝秃净。叶革质，互生，卵形至椭圆形，先端尖锐，初时上下两面密被银灰色绢毛，很快变秃净，老叶上面深绿色，下面无毛，有多数细小黑腺点，边缘有疏锯齿。总状花序生于当年枝的叶腋内，花序轴有短柔毛。花两性或单性。核果椭圆形，成熟时灰绿色。种子 1 颗。花期 4—5 月。分布于中国、日本和越南。校内见于云峰学园北侧路边。本种与中华杜英差别在于叶片较大，长 7—14cm。

373. 猴欢喜　杜英科（Elaeocarpaceae）

***Sloanea sinensis* (Hance) Hu**

乔木，高达 15m。叶薄革质，形状及大小多变，常为长圆形或狭窄倒卵形，常全缘。花簇生于枝顶叶腋。萼片 4，阔卵形，被柔毛；花瓣 4，白色，先端浅裂；雄蕊多数，与花瓣等长；花柱连合。蒴果密被长刺毛。花期 9—11 月，果期翌年 6—7 月成熟。分布于我国南部至东南亚。校内见于校友林西北角的迪臣中路边。

374. 铁苋菜　大戟科 (Euphorbiaceae)

***Acalypha australis* L.　　Asian copperleaf**

一年生草本，高 20~60cm。直立茎，被柔毛。叶互生，椭圆状披针形，叶背中轴被毛。花单性，雌雄花组成穗状花序，腋生。雄花位于花序上部，雄蕊 8；雌花花萼 3 裂，花柱 3。蒴果三角状半圆形。花期 7—9 月。亚洲广布。校内见于各路边、荒地，为常见杂草。

375. 山麻杆　大戟科 (Euphorbiaceae)

***Alchornea davidii* Franch.**

落叶灌木，高 1~3m。嫩枝被短绒毛，老枝无毛。叶薄纸质，阔卵形或近圆形，叶背密被短柔毛，托叶钻状，早落。雌雄异株，雄花短穗状花序，雌花总状花序。蒴果近球形，密被柔毛。种子三棱状卵形，种皮具小瘤体。花期 3—5 月，果期 6—8 月。分布于我国中南部。校内见于迪臣中路宜山路西端。

376. 泽漆　大戟科(Euphorbiaceae)

***Euphorbia helioscopia* L.**　**madwoman's milk**

一年生或二年生草本。直立茎，基部常带有紫红色，无毛。叶互生，倒卵形或匙形。多歧聚伞花序顶生，总苞钟状，边缘5裂，裂片半圆形，边缘和内侧具柔毛，腺体4，盘状，淡褐色，雄花数枚，雌花1枚。蒴果具明显的三纵沟。花期4—5月，果期5—9月。分布于欧亚大陆和北非。校内见于校友林、金工实验中心附近等处。

377. 斑地锦　大戟科(Euphorbiaceae)

***Euphorbia maculata* L.**　**spotted spurge**

一年生草本。匍匐茎，被白色柔毛。叶对生，长椭圆形至肾状长圆形，叶面绿色，中部常有紫褐色斑块，无毛，具托叶。杯状花序单生于叶腋，总苞倒圆锥形，外被白色柔毛，腺体4，黄绿色，花柱3。蒴果三角状卵形，被稀疏柔毛。花期5—6月，果期7—8月。原产北美洲，归化于欧亚大陆。校内见于各路边、荒地，为常见杂草。

378. 小叶大戟　大戟科（Euphorbiaceae）

Euphorbia makinoi **Hayata**

一年生草本。根纤细，单一不分枝。茎匍匐，自基部多分枝，略呈淡红色，节间常具多数分枝的不定根。叶对生，椭圆状卵形，边缘全缘或近全缘；叶柄明显。花序单生,基部具柄。蒴果三棱状球形；花柱易脱落；成熟时分裂为 3 个分果爿。种子卵状四棱形，黄色或淡褐色，平滑。花果期 5—10 月。分布我国沿海地区、日本琉球群岛至菲律宾。校内见于各处草地及砖石路缝中。本种与斑地锦差别在于叶片全缘，中部无斑块。

379. 一品红　大戟科（Euphorbiaceae）

Euphorbia pulcherrima **Willd. ex Klotzsch　　poinsettia**

灌木，高 1~3m。直立茎，无毛。叶互生，长椭圆形，全缘或浅裂，叶背被柔毛，无托叶，苞叶朱红色。花序数个聚伞排列于枝顶，唇状腺体黄色，总苞坛状，雄花常伸出总苞之外，雌花花柱 3，中部以下合生。蒴果三棱状圆形。花果期 11 月至次年 3 月。原产中美洲，世界各地广泛栽培。校内见于室内盆栽。

380. 红背桂　大戟科（Euphorbiaceae）

Excoecaria cochinchinensis **Lour.**　　**Chinese croton**

常绿灌木，高 1~2m。枝无毛，具皮孔。叶对生，稀互生或 3 片轮生，长椭圆形，无毛，背面红色，具托叶。单性花，雌雄异株，雄花苞片基部具腺体，萼片 3，雌花苞片与雄花相同，萼片 3，花柱 3。球形蒴果肉质，红色。花期几乎全年。原产华南、西南地区至东南亚。校内见于生命科学学院玻璃大厅。

381. 白背叶　大戟科（Euphorbiaceae）

Mallotus apelta **(Lour.) Müll.Arg.**

灌木或小乔木。叶互生，卵形或阔卵形，稀心形，基出脉 5 条。花雌雄异株，雄花序为开展的圆锥花序或穗状，多朵簇生于苞腋；雌花序穗状，苞片近三角形；雌花：花梗极短，卵形或近三角形。蒴果近球形，密生被灰白色星状毛的软刺，软刺线形，种子近球形，褐色或黑色，具皱纹。花期6—9月，果期8—11月。分布于我国东南部至越南。校内见于南华园湿地。

382. 蓖麻　大戟科(Euphorbiaceae)

***Ricinus communis* L.**　**castorbean**

一年生草本，高1~4m。茎中空，小枝、叶和花序通常被白粉。单叶互生，近圆形，掌状5~11裂，具托叶，早落。总状或圆锥花序，雄花着生于花序下部，花萼3~5裂，雄蕊多数，雌花花萼3~5裂，花柱红色。花期6—9月，果期9—11月。原产地中海地区、东非和印度，世界各地广泛栽培。校内见于生物实验中心。

383. 乌桕　大戟科(Euphorbiaceae)

***Sapium sebiferum* (L.) Roxb.**　**Chinese tallow tree**

落叶乔木，高达15m。全株无毛，具乳汁；树皮暗灰色，有纵裂纹。单叶互生，菱形，全缘，具托叶。雌雄同株，总状花序顶生，雄花常数朵簇生于花序轴上部，花萼杯状，3浅裂，雄蕊2，雌花花萼3深裂，花柱3，基部合生。花期5—7月，果期8—10月。分布于东亚。校内见于校友林、西区路边、动物实验中学等处。

384. 重阳木　叶下珠科（Phyllanthaceae）

***Bischofia polycarpa* (H.Lév.) Airy Shaw**

落叶乔木，高 8~15m。树皮褐色，纵裂，全株无毛。三出羽状复叶，无毛，托叶小，早落。花雌雄异株，总状花序腋生，花序轴纤细而下垂，雄花萼片半圆形，雌花萼片有白色膜质边缘，花柱 2~3。浆果近圆球形，熟时褐色。花期 4—5 月，果期 9—11 月。分布于我国南方地区。校内见于实验桑地、生命科学学院。

385. 一叶萩　叶下珠科（Phyllanthaceae）

***Flueggea suffruticosa* (Pall.) Baill.**

落叶灌木，高 1~3m。小枝有棱槽，全株无毛。叶片近椭圆形，具托叶，宿存。单性花，雌雄异株，簇生于叶腋，雄花萼片 5，雄蕊 5，有退化子房，雌花萼片 5，背部呈龙骨状凸起，花柱 3，分离或基部合生。蒴果三棱状扁球形，熟时红褐色。花期 5—7 月。分布于东亚至东北亚。校内见于东七。

386. 算盘子　叶下珠科 (Phyllanthaceae)

Glochidion puberum **(L.) Hutch.　　needlebush**

落叶灌木，高 1~4m。小枝、叶背面、萼片外面、子房和果实均密被短柔毛。叶片长卵圆形，具托叶。花小，雌雄同株，簇生于叶腋，雄花萼片 6，雄蕊 3，合生呈圆柱状，雌花萼片 6，花柱合生。蒴果扁球状，边缘有纵沟。花期 5—7 月，果期 7—10 月。分布于中国和日本。校内见于化学实验中心、南华园湿地。

387. 叶下珠　叶下珠科 (Phyllanthaceae)

Phyllanthus urinaria **L.　　chamber bitter**

一年生草本，高 10~60cm。枝具翅状条棱。单叶互生，长圆形，叶柄近无，具托叶。雌雄同株，花小，无花瓣，雄花簇生于叶腋，萼片 6，雄蕊 3，花丝合生，雌花单生于叶腋，萼片 6，黄白色。蒴果圆球状，红褐色，表面具小凸起。花期 5—7 月，果期 7—11 月。分布于东亚至东南亚。校内见于各处林下及墙角处。

388. 蜜柑草　叶下珠科（Phyllanthaceae）

***Phyllanthus ussuriensis* Rupr. et Maxim.**

一年生草本或草质灌木，高20~60cm。小枝具棱，全株无毛。单叶互生，披针形，叶柄近无，具托叶。雌雄同株，单生或数朵簇生于叶腋，雄花萼片4，雄蕊2，花盘具4腺体，雌花萼片6，花柱3，花盘具6腺体。蒴果扁球状。花期5—7月，果期8—10月。分布于东亚至东北亚。校内见于启真湖湖边草地。本种与叶下珠的差别在于叶片先端尖，蒴果光滑。

389. 山桐子　杨柳科（Salicaceae）

***Idesia polycarpa* Maxim.　　idesia**

落叶乔木。树皮淡灰色，不裂；小枝黄棕色，有明显的皮孔；冬芽有淡褐色毛。叶薄革质或厚纸质，卵形或心状卵形，或为宽心形，长13~16cm，边缘有粗的齿，齿尖有腺体，上面深绿色，光滑，下面有白粉；叶柄下部有2~4个紫色、扁平腺体。花黄绿色，花瓣缺，排列成顶生下垂的圆锥花序。浆果成熟期紫红色，扁圆形。分布于东亚。校内见于金工实验中心北侧树林。

390. 响叶杨　杨柳科 (Salicaceae)

***Populus adenopoda* Maxim.　　Chinese aspen**

落叶乔木。叶片卵状圆形或卵形，基部宽楔形，边缘有圆钝锯齿，齿端具腺、内曲，叶柄初被短柔毛，上部侧扁，顶端有 2 枚杯状腺体。雄花序长 4~10cm，苞片深齿裂，具长缘毛。果序长 12~15cm；蒴果卵状长椭圆形，有短柄。花期 3—4 月，果期 4—5 月。分布于黄河流域及长江流域地区。校内见于大操场、藕舫中路湖心岛。

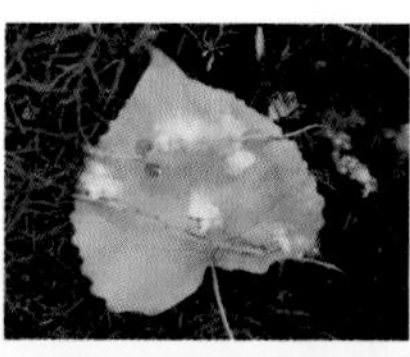

391. 垂柳　杨柳科 (Salicaceae)

***Salix babylonica* L.　　weeping willow**

落叶乔木。小枝无毛，细长下垂。叶片狭长披针形或线状披针形，侧脉约 20 对。花序先叶开放，基部有 3~4 枚较小的叶；雄花序长 1~2cm，雄蕊 2，苞片披针形，腺体 2；雌花序长达 2~3cm，有梗，子房下部稍有毛，近无柄，腺体 1。蒴果长 3~4mm。花期 3—4 月，果期 4—5 月。分布于欧亚大陆。校内常见栽培。

392. 杞柳　杨柳科(Salicaceae)

Salix integra **Thunb.**

落叶灌木。树皮灰绿色。叶近对生，萌枝叶有时 3 叶轮生，椭圆状长圆形，先端短渐尖，基部圆形或微凹，全缘或上部有尖齿，幼叶发红褐色，成叶上面暗绿色，两面无毛。花先叶开放，花序长 1~2cm，苞片倒卵形，被柔毛。蒴果长 2~3mm，有毛。花期 5 月，果期 6 月。分布于东亚。校内见于实验动物中心，栽培种为园艺品种‘花叶’杞柳。

393. 龙爪柳　杨柳科(Salicaceae)

Salix matsudana **'Tortusoa'　　dragon's claw willow**

旱柳的园艺品种。落叶乔木。枝卷曲，芽微有短柔毛。叶披针形，上面绿色，下面苍白色，叶柄有绒毛，托叶披针形，边缘有细腺锯齿。花序与叶同时开放，雄花序圆柱形，多少有花序梗，轴有长毛，雄蕊 2，苞片卵形，雌花序较雄花序短。果序长达 2cm。花期 4 月，果期 4—5 月。校内见于湖心岛。

394. 南川柳　杨柳科（Salicaceae）

Salix rosthornii **Seemen**

落叶乔木。树皮纵裂。叶片椭圆形，叶缘有锯齿，萌枝上的托叶发达，肾形。花叶同放，花序长 3.5~6cm，雄蕊 3~6，基部具腹、背 2 枚腺体，苞片卵形，基部有柔毛，子房狭卵形，无毛，柱头 2 裂。蒴果长 3~7mm。花期 3 月下旬至 4 月上旬，果期 5 月。分布于华东、华中和西南地区。校内见于启真湖边、蒙民伟楼。

395. 柞木　杨柳科（Salicaceae）

Xylosma congesta **(Lour.) Merr.**

落叶大灌木或小乔木。雌雄异株，树皮灰色。叶卵状椭圆形，革质，渐尖，具锯齿，叶面亮绿色，叶背浅绿色。总状花序，腋生，花梗短。花黄色，花瓣缺。浆果球形，黑色，花柱宿存于其顶端。种子卵形。花期春季，果期冬季。分布于东亚。校内见于东二庭院。

396. 戟叶堇菜　堇菜科（Violaceae）

***Viola betonicifolia* Sm.　　arrowhead violet**

多年生草本。无地上茎。叶多数，均基生，莲座状，叶片狭披针形、长三角状戟形，长 2~7cm，宽 0.5~3cm。花白色、淡紫色，上方花瓣倒卵形，侧方花瓣长圆状倒卵形，距管状。蒴果椭圆形至长圆形，无毛。花果期 4—9 月。分布于亚洲和澳大利亚。校内见于白沙学园南侧林下。

397. 角堇菜　堇菜科（Violaceae）

***Viola cornuta* L.　　horned violet**

多年生草本，常做一年生栽培。株高 10~30cm，茎较短而直立，花直径 2.5~4cm。花有堇紫色、大红、橘红、明黄及复色，近圆形。花期因栽培时间而异。角堇与三色堇花形相同，但花径较小，花朵繁密，中间无深色圆点，只有猫胡须一样的黑色直线。原产西班牙比利牛斯山。校内见于花坛栽培。

398. 七星莲（蔓茎堇菜） 堇菜科（Violaceae）

Viola diffusa **Ging.**　　**spreading violet**

一年生草本，花期生出地上匍匐枝。基生叶多数，丛生呈莲座状；叶片卵形，长 1.5~3.5cm，宽 1~2cm。花较小，淡紫色、浅黄色；距极短。蒴果长圆形，顶端常具宿存的花柱。花期 3—5 月，果期 5—8 月。分布于东亚、东南亚至南亚。校内见于校友林林下。

399. 长萼堇菜 堇菜科（Violaceae）

Viola inconspicua **Blume**

多年生草本。无地上茎。叶均基生，呈莲座状；叶片角状卵形、戟形，长 1.5~7cm，宽 1~3.5cm，最宽处在叶的基部，上面密生乳头状小白点，在老叶上常变成暗绿色。花淡紫色，有暗条纹，距管状。蒴果长圆形。种子卵球形，深绿色。花果期 3—11 月。分布于东亚至东南亚。校内见于东区。本种与紫花地丁的差别在于全株无毛，距与花瓣异色。

400. 白花堇菜　堇菜科（Violaceae）

Viola lactiflora **Nakai**

多年生草本。无地上茎。叶均基生，叶片长三角形或长圆形。花白色，中等大，花梗不超出或稍超出于叶，筒状距。蒴果椭圆形，无毛，先端常有宿存的花柱。种子卵球形呈淡褐色。分布于东亚。校内见于金工实验中心北侧林下。

401. 紫花地丁　堇菜科（Violaceae）

Viola philippica **Cav.**　　**Chinese violet**

多年生草本。具黄白色的主根。无地上茎。叶片舌形、卵状披针形，长 1.2~6cm，宽 0.5~2cm，叶柄在花期长 1~7cm，果期长可达 15cm。花瓣蓝紫色，侧瓣内侧有须毛至无须毛，距细管状。蒴果椭圆球形或长圆球形。花期 3—4 月，果期 5—10 月。分布于东亚至东南亚。校内见于白沙学园南侧林缘、动物实验中心等处。

402. 三色堇　堇菜科（Violaceae）

***Viola tricolor* L.**　**heartsease**

多年生草本。株高 10~30cm，茎较短而直立。花梗稍粗，单生叶腋，萼片绿色，长圆状披针形，子房无毛，花柱短，基部明显膝曲，柱头膨大，呈球状，前方具较大的柱头孔。原产欧洲，世界各地广泛栽培。校内常见花坛栽培。

403. 宿根亚麻　亚麻科（Linaceae）

***Linum perenne* L.**　**perennial flax**

多年生草本。根为直根。茎多分枝。叶互生，狭长，呈狭条形或条状披针形，全缘。花五瓣，聚成聚伞花序，多数，蓝色或蓝紫色；雄蕊 5，退化雄蕊 5，两者互生；柱头头状。蒴果。分布于欧亚大陆。校内见于迪臣南路。

404. 金丝桃　金丝桃科（Hypericaceae）

Hypericum monogynum **L.**

灌木。茎红色。叶对生，椭圆形，上面绿色，下面淡绿色。伞房状花序。萼片 5，花瓣 5，金黄色，雄蕊多数，成 5 束，花药黄色。蒴果长圆形，红色，顶端有突起。花期 5—8 月，果期 8—9 月。分布于我国南方地区。校内常见栽培。

405. 金丝梅　金丝桃科（Hypericaceae）

Hypericum patulum **Thunb.**

灌木，丛状。茎红色。叶具柄，叶片卵形，具尖突，革质。伞房状花序。萼片 5，离生，花瓣 5，金黄色，有侧生小尖突，雄蕊多数，成 5 束，花药黄色。蒴果宽卵形。种子褐色。花期 6—7 月，果期 8—10 月。原产我国西南地区，世界各地有栽培。校内见于西区东侧、蒙民伟楼等处。本种与金丝桃的差别在于雄蕊较短，花柱分离，小枝具 2 棱。

406. 野老鹳草　牻牛儿苗科（Geraniaceae）

***Geranium carolinianum* L.**　　**Carolina geranium**

草本。茎具棱角，密被毛。基生叶早枯，茎生叶互生或对生；叶柄带红色；叶片圆肾形，掌状 5~7 裂，被毛。花序伞形，长于叶，每花梗具花 2，被毛。花瓣 5，紫红色，倒卵形。蒴果，果瓣裂后卷曲。花期 4—7 月，果期 5—9 月。原产北美洲，现我国南方广布。校内见于各路边、草丛，为常见杂草。

407. 香叶天竺葵　牻牛儿苗科（Geraniaceae）

***Pelargonium graveolens* L'Hér.**　　**sweet scented geranium**

多年生草本或灌木状。茎直立，基部木质化，上部肉质，密被具光泽的柔毛，有香味。叶互生；叶片近圆形，基部心形。伞形花序与叶对生，长于叶，具花 5~12 朵；花瓣玫瑰色或粉红色，长为萼片的 2 倍，先端钝圆，上面 2 片较大；雄蕊与萼片近等长，下部扩展；心皮被茸毛。蒴果被柔毛。花期 5—7 月，果期 8—9 月。原产非洲，我国各地庭园有栽培。校内见于花坛栽培。

408. 天竺葵　牻牛儿苗科（Geraniaceae）

***Pelargonium* × *hortorum* L.H.Bailey　　garden geranium**

园艺杂交种。草本。茎直立，具节，有鱼腥味。叶互生；叶片圆形，波状浅裂，齿圆形，两面被毛，叶缘内有红色马蹄形环纹。伞形花序腋生，长于叶。花瓣 5，红色、粉色或白色，先端圆形。蒴果，被柔毛。花期 5—7 月，果期 6—9 月。校内见于花坛栽培。

409. 多花水苋　千屈菜科（Lythraceae）

***Ammannia multiflora* Roxb.　　jerry-jerry**

一年生直立草本，高 8~65cm。茎略 4 棱。叶对生，膜质，长椭圆形，长 8~25mm，宽 2~8mm，茎中部以上叶基部耳形或圆形，抱茎，下部叶基部较楔状。聚伞花序，花多数，总花梗短。花 4 数，钟状。蒴果球形，直径约 1.5mm，成熟时暗红色，上半部分凸出于萼筒。花期 9—10 月，果期 10—11 月。非洲、亚洲和澳大利亚广布。校内见于启真湖边。

410. 细叶萼距花　千屈菜科（Lythraceae）

***Cuphea hyssopifolia* Kunth　　false heather**

矮小多分枝小灌木。植株高 30~60cm，小枝褐色至红褐色。叶对生或近对生，叶小全缘，狭长圆形至披针形。花小，单生，腋外生，紫红色，花瓣 6，边缘略皱波状，两侧对称。原产中美洲，我国有栽培。校内见于花坛栽培。

411. 紫薇　千屈菜科（Lythraceae）

***Lagerstroemia indica* L.　　crape myrtle**

落叶灌木或小乔木。树皮光滑，片状脱落，灰白色或灰褐色，枝干多扭曲，小枝具 4 棱。叶互生，纸质，椭圆形、阔矩圆形或倒卵形。花淡红色、紫色或白色，直径 3~4cm，组成顶生圆锥花序；花瓣 6，皱缩，具长瓣柄。蒴果椭圆球形，成熟时紫黑色，开裂。分布于东亚、东南亚至南亚。校内常见栽培。

412. 千屈菜　千屈菜科（Lythraceae）

***Lythrum salicaria* L.**　**purple loosestrife**

多年生直立草本。多分枝，高 30~100cm，全株被白粗毛或脱落；枝 4 棱且略具翅。叶对生，披针形，全缘，无叶柄。花簇生，组成小聚伞花序再形成穗状花序；花红紫色或淡紫色，萼筒具纵棱，花瓣 6，生于萼筒上部，略皱缩。北半球广布。校内见于启真湖边及南华园湿地。

413. 石榴　千屈菜科（Lythraceae）

***Punica granatum* L.**　**pomegranate**

落叶灌木或小乔木，高 2~5m。叶通常对生，纸质，长圆状披针形。花大，1 至数朵顶生或腋生，花萼钟形，肥厚，红色、橘红色或淡黄色，花瓣与萼裂片同数，红色、黄色或白色。浆果近球形，有宿存花萼。种子多数，红色至乳白色，肉质的外种皮供食用。花期 5—7 月，果期 9—11 月。原产伊朗，世界各地广泛栽培。校内常见栽培，单瓣和重瓣者均有。

414. 节节菜　千屈菜科(Lythraceae)

***Rotala indica* (Willd.) Koehne**　　**Indian toothcup**

一年生草本，高 5~30cm。茎略具 4 棱，多分枝，无毛，基部匍匐，节上生根。叶对生，无柄，倒卵形。花腋生，组成穗状花序，花小，长不及 3mm，萼筒钟状，花瓣 4，极小，淡红色。花期 9—10 月，果期 10—12 月。亚洲广布，非洲、欧洲、北美洲有引入。校内见于启真湖边。

415. 欧菱　千屈菜科(Lythraceae)

***Trapa natans* L.**　　**water chestnut**

一年生浮水水生草本植物。根二型，着泥根细铁丝状，同化根羽状细裂，绿褐色；茎柔弱，分枝。叶二型，浮水叶互生，聚生于茎顶端，呈莲座状菱盘，叶片三角菱形，沉水叶小，早落。花小，单生于叶腋，两性，花瓣 4，白色。果三角状菱形，具 4 刺角，2 肩角斜上伸，2 腰角向下伸，刺角扁锥状。非洲、亚洲、欧洲广布，并归化于澳大利亚和北美洲。校内见于生物实验中心附近水池中。

416. 柳叶菜　柳叶菜科（Onagraceae）

***Epilobium hirsutum* L.**　**great willowherb**

多年生粗壮草本。茎直立，密被毛。下部叶对生，上部叶互生，无柄，微抱茎，长椭圆形，边缘有细齿，两面被长柔毛。总状花序直立。花两性；萼筒裂片 4，雄蕊 8，4 长 4 短，子房下位，柱头 4 裂。蒴果室背开裂，被短腺毛。种子倒卵状，顶端具短喙。花期 6—8 月，果期 7—9 月。非洲、亚洲、欧洲广布，并归化于北美洲。校内见于荒地。

417. 山桃草　柳叶菜科（Onagraceae）

***Gaura lindheimeri* Engelm. et A.Gray**　**white gaura**

多年生宿根草本。全株被长柔毛，粗壮，常丛生。叶无柄，披针形，先端锐尖，基部渐狭，边波状齿。穗状花序顶生，直立，苞片披针形至线形。花近拂晓开放，萼片粉色，花瓣白色，雄蕊及花柱伸出花瓣外。蒴果坚果状，长椭圆形。花期 5—8 月，果期 8—9 月。原产北美洲，我国有栽培。校内见于花坛栽培。

418. 假柳叶菜　柳叶菜科 (Onagraceae)

***Ludwigia epilobioides* Maxim.**

一年生粗壮直立草本。茎四棱，多分枝。叶长椭圆形，先端渐尖，基部楔形，叶脉隆起，边缘处彼此联结，托叶小，钝三角形。萼片 4~6，微被毛，花瓣黄色，雄蕊与萼片同数，花柱粗短。蒴果，熟时内果皮呈木栓质。种子狭卵球状，略偏斜。花期 8—10 月，果期 9—11 月。分布于东亚。校内见于启真湖湖边。

419. 黄花水龙　柳叶菜科 (Onagraceae)

***Ludwigia peploides* subsp. *stipulacea* (Ohwi) P.H.Raven　　floating primrose-willow**

荸艾状水龙的亚种。多年生浮水草本。全株无毛，浮水茎节上具海绵状贮气根。叶互生，长圆形，先端锐尖，基部楔形，渐狭成柄，托叶明显。花单生于叶腋，小苞片三角形，萼片 5，花瓣鲜黄色，雄蕊 10，花粉粒单体授粉，花盘基部有蜜腺。蒴果具纵棱。种子椭圆形。花期 6—8 月，果期 8—10 月。分布于东亚。校内见于南华园湿地水域。

420. 月见草　柳叶菜科（Onagraceae）

***Oenothera biennis* L.**　　**Common evening primrose**

二年生宿根草本。根木质化。茎丛生，微被柔毛。基生叶莲座状，倒披针形，茎生叶互生，椭圆形至披针形，先端渐尖，基部下沿。花单生上部叶腋，苞片叶状，果时宿存，萼片4，绿色，花瓣黄色，先端凹缺，雄蕊8，柱头4裂，子房4棱。蒴果锥状圆柱形。种子棱形。原产北美洲，我国各地有栽培或归化。校内见于迪臣南路。

421. 美丽月见草　柳叶菜科（Onagraceae）

***Oenothera speciosa* Nutt.**　　**pinkladies**

多年生草本。具粗大主根。茎常丛生，多分枝。基生叶紧贴地面，倒披针形先端锐尖或钝圆，自中部渐狭或骤狭，并不规则羽状深裂下延至柄；茎生叶灰绿色，披针形或长圆状卵形。花单生于茎、枝顶部叶腋，近早晨日出开放。蒴果棒状，顶端具短喙。种子每室多数，近横向簇生，长圆状倒卵形。花期4—11月，果期9—12月。原产北美洲，我国有栽培。校内见于迪臣南路和食堂南侧林缘。

422. 菲油果　桃金娘科(Myrtaceae)

***Acca sellowiana* (O.Berg) Burret　　pineapple guava**

常绿灌木或小乔木。叶对生，厚革质，椭圆形，长 5~7cm，深绿色，具油脂光泽，四季常绿；叶背面有银灰色细绒毛；枝叶有芳香。花两性，单生；花瓣倒卵形，紫红色，外被白色绒毛，雄蕊和花柱红色，顶端黄色，花色艳丽。原产南美洲，世界各地有栽培。校内见于湖心岛。

423. 红千层　桃金娘科(Myrtaceae)

***Callistemon rigidus* R.Br.　　stiff bottlebrush**

常绿灌木或小乔木。树皮坚硬难剥离，嫩枝及幼叶具长柔毛。叶互生，革质，线性，具透明腺点，无柄。花序穗状；苞片卵形。花红色，无梗，萼管钟形略被毛，花萼 5 裂，早落，花瓣 5，雄蕊多数长于花瓣，子房下位，花柱长。蒴果半球形。种子长条状。花期 6—8 月。原产澳大利亚，世界各地广泛栽培。校内见于大食堂附近。2016 年 1 月寒潮中冻死。

424. 南酸枣　漆树科（Anacardiaceae）

Choerospondias axillaris **(Roxb.) B.L.Burtt et A.W.Hill　　hog plum**

落叶乔木。树皮灰褐色。奇数羽状复叶，长 25~40cm，小叶 7~13，全缘，基部偏斜。花杂性异株；雄花及假两性花淡紫色，花瓣 5，雄蕊 10，排成聚伞状圆锥花序；雌花单生于上部叶腋，花柱 5。核果黄色，顶端具 5 小孔。花期 4—5 月，果期 10 月。分布于东亚至东南亚。校内见于校友林和长兴林。

425. 毛黄栌　漆树科（Anacardiaceae）

Cotinus coggygria **var.** ***pubescens*** **Engl.　　smoke tree**

黄栌的变种。落叶小乔木或灌木。单叶互生，叶片全缘或具齿，无托叶，叶近圆形或宽椭圆形，背面尤其脉上具毛。圆锥花序顶生，花小；苞片披针形，早落。花萼 5 裂，宿存：花瓣 5 枚，长度为花萼大小的 2 倍；雄蕊 5 枚；不孕花梗果期延长，密生开展的羽毛状长毛。核果红色，偏斜。花期 4—5 月，果期 7—9 月。分布于亚洲和欧洲。校内见于西区北侧树林。

426. 黄连木　漆树科（Anacardiaceae）

Pistacia chinensis **Bunge　　Chinese pistache**

落叶乔木。奇数羽状复叶，顶生小叶常缩小或不发育而成偶数羽状复叶状，小叶 10~16。花单性异株，雄花序总状，雌花序圆锥状；花小，先叶开放。核果倒卵状球形，成熟时紫红色。花期 4 月，果期 6—10 月。分布于我国黄河流域及以南地区。校内见于医学院。

427. 盐肤木　漆树科（Anacardiaceae）

Rhus chinensis **Mill.　　Chinese sumac**

灌木或小乔木。小枝、叶柄及花序均密被锈色柔毛。奇数羽状复叶；小叶 5~13 枚；叶轴、叶柄常具宽的叶状翅。圆锥花序顶生；雄花序较大，花杂性，黄白色；雌花花柱 3。核果球形，成熟时红色。花期 8—9 月，果期 10 月。幼枝和叶上会形成由五倍子蚜虫寄生而产生的虫瘿，即“五倍子”。分布于东亚至东南亚。校内见于南华园湿地。

428. 火炬树　漆树科（Anacardiaceae）

***Rhus typhina* L.　　torch tree**

高大乔木。叶柄下芽，小枝密生灰色茸毛。奇数羽状复叶，长椭圆状至披针形，缘有锯齿，先端长渐尖，基部圆形或宽楔形，上面深绿色，下面苍白色，两面有茸毛，老时脱落，叶轴无翅。圆锥花序顶生、密生茸毛，花淡绿色，雌花花柱有红色刺毛。核果深红色，密集成火炬形，密生绒毛，花柱宿存。花期 6—7 月，果期 8—9 月。原产北美洲，我国有栽培。校内见于金工实验中心北侧树林。

429. 野漆　漆树科（Anacardiaceae）

***Toxicodendron succedaneum* (L.) Kuntze　　wax tree**

落叶乔木或灌木。奇数羽状复叶，常集生于小枝顶端。圆锥花序腋生，长度常为复叶一半。花小，黄绿色，单性异株；子房球形，花柱 1，柱头 3 裂，褐色。核果大，偏斜。花期 5—6 月，果期 8—10 月。分布于东亚至东南亚。校内见于西区、体育馆马路对面等处。园林上所谓“日本黄栌”即是本种。

430. 三角槭　无患子科 (Sapindaceae)

Acer buergerianum **Miq.**　　**trident maple**

落叶乔木。树皮褐色或深褐色,粗糙；小枝细瘦。叶纸质,通常浅 3 裂。花多数成伞房花序；萼片 5；花瓣 5，淡黄色。翅果黄褐色；翅张开成锐角或近于直立。花期 4 月,果期 8 月。分布于中国和日本。校内见于校友林、基础图书馆及湖心岛。

431. 樟叶枫　无患子科 (Sapindaceae)

Acer coriaceifolium **H.Lév.**

常绿乔木，高可达 20m。树皮淡黑褐色，当年生枝淡紫褐色，被密绒毛。叶对生，革质，长圆椭圆形至长圆披针形，全缘；上面绿色，无毛，下面淡绿色或淡黄绿色，被白粉和淡褐色绒毛；主脉在上面凹下，最下一对侧脉由叶的基部生出，与中肋在基部形成 3 脉。翅果熟呈淡黄褐色，常成伞房果序。果期 7—9 月。分布于我国南方地区。校内见于校友林、西区北侧树林。

432. 秀丽槭　无患子科（Sapindaceae）

***Acer elegantulum* W.P.Fang et P.L.Chiu**

落叶乔木。树皮粗糙，深褐色；小枝圆柱形，当年生嫩枝淡紫绿色，多年生老枝深紫色。叶薄纸质或纸质，通常 5 裂。花序圆锥状。花杂性，雄花与两性花同株，萼片 5；花瓣 5。翅果嫩时淡紫色，成熟后淡黄色。花期 5 月，果期 9 月。分布于华东至西南地区。校内见于迪臣路、湖心岛。

433. 梣叶槭　无患子科（Sapindaceae）

***Acer negundo* L.　　boxelder maple**

落叶乔木。树皮黄褐色，小枝圆柱形，无毛，当年生枝绿色，多年生枝黄褐色。奇数羽状复叶，叶纸质，卵形至椭圆状披针形，边缘常有 3~5 个粗锯齿，稀全缘。花小，黄绿色，开于叶前，雌雄异株，无花瓣及花盘。翅果无毛，翅稍向内弯。花期 4—5 月，果期 9 月。原产北美洲，我国有栽培和归化。校内见于校友林。

434. 鸡爪槭　无患子科（Sapindaceae）

Acer palmatum **Thunb.　　Japanese maple**

落叶小乔木。树皮深灰色；小枝细瘦，当年生枝紫色或淡紫绿色；多年生枝淡灰紫色或深紫色。叶纸质，5~9 掌状分裂，通常 7 裂，边缘具紧贴的尖锐锯齿。花紫色，杂性，雄花与两性花同株，伞房花序；萼片 5；花瓣 5；翅果嫩时紫红色，成熟时淡棕黄色，果翅张开成钝角。花期 5 月，果期 9 月。原产日本和韩国，世界各地广泛栽培。校内常见栽培。

434a. 红枫　无患子科（Sapindaceae）

Acer palmatum **'Atropurpureum'**

鸡爪槭的园艺品种。其特点是：落叶小乔木，叶常年红色或紫红色。

434b. 羽毛枫　无患子科（Sapindaceae）

***Acer palmatum* 'Dissectum'**

鸡爪槭的园艺品种。其特点是：新枝紫红色，成熟枝暗红色；嫩叶艳红，密生白色软毛，叶片舒展后渐脱落，叶色亦由艳丽转淡紫色甚至泛暗绿色；叶片掌状深裂达基部，裂片呈羽毛裂，有皱纹，入秋逐渐转红。

435. 茶条槭　无患子科（Sapindaceae）

***Acer tataricum* subsp. *ginnala* (Maxim.) Wesm.　　Amur maple**

鞑靼槭的亚种。落叶灌木或小乔木。树皮微纵裂；小枝细瘦，无毛。叶对生，纸质，常较深的 3~5 裂，上面深绿色，下面淡绿色；叶柄细瘦，绿色或紫绿色，无毛。伞房花序无毛，具多数花，花杂性，雄花与两性花同株；萼片 5，卵形，黄绿色；花瓣 5，长圆卵形，白色；翅果黄绿色。花期 5 月，果期 10 月。分布于东亚至东北亚。校内见于校友林。

436. 元宝槭　无患子科(Sapindaceae)

***Acer truncatum* Bunge　　Shandong maple**

落叶乔木。树皮深纵裂；小枝无毛，具圆形皮孔。叶纸质，基部截形，裂片边缘全缘；主脉 5 条，在下面微凸起；侧脉下面更显著。花黄绿色，杂性，雄花与两性花同株，常成无毛的伞房花序；花瓣 5，淡黄色或淡白色，长圆倒卵形；柱头反卷，微弯曲。翅果常成下垂的伞房果序；小坚果压扁状，翅长圆形，两侧平行，常与小坚果等长。花期 4 月，果期 8 月。分布于中国和朝鲜。校内见于校友林和湖心岛。

437. 七叶树　无患子科(Sapindaceae)

***Aesculus chinensis* Bunge　　Chinese horse chestnut**

落叶乔木，高达 20m。树皮灰褐色；小枝圆柱形，无毛，具皮孔；冬芽大，有树脂。掌状复叶由 5~7 小叶组成，叶柄长 10~12cm，小叶纸质。花序窄圆筒形，长 30~50cm，具短柔毛。果实球形或倒卵圆形。花期 5 月，果期 9—10 月。分布于华中至西南地区，我国各地有栽培。校内见于金工实验中心和东六庭院。

438. 全缘叶栾树（黄山栾树） 无患子科（Sapindaceae）

Koelreuteria bipinnata **Integrifolida'** **goldenrain tree**

乔木。二回羽状复叶长 30~40cm，叶轴微被黄褐色柔毛；小叶 7~11，互生，小叶片纸质，长椭圆形，基部略偏斜，全缘。圆锥花序顶生，被柔毛。花黄色；花萼 5 深裂；雄蕊 8；子房具柔毛。蒴果椭圆形，顶端钝而有小尖头。种子近球形。花期 8—9 月，果期 10—11 月。分布于华中至西南地区，我国各地有栽培。校内常见栽培。

439. 无患子 无患子科（Sapindaceae）

Sapindus saponaria **L.** **wingleaf soapberry**

乔木。树皮灰黄色。一回羽状复叶，小叶 5~8 对，互生或近对生；小叶片基部楔形，略偏斜。圆锥花序顶生。萼片 5；花瓣 5，披针形，瓣柄内侧有被白色长柔毛的 2 个小鳞片；雄蕊 8。果近球形，直径 2cm左右，黄色，干时变黑。种子球形，黑色。花期 5—6 月，果期 7—8 月。分布于东亚至东南亚。校内常见栽培。

440. 金柑（金橘） 芸香科（Rutaceae）

***Citrus japonica* Thunb.** **kumquat**

常绿灌木。枝密生，节间短，无刺。叶为单身复叶，互生，叶较小、革质，卵状椭圆形或倒披针形,顶端具不明显锯齿，叶柄具极狭翅。花生叶腋,1~3朵；花被5瓣裂、白色，子房五室。果实球形，前圆后狭，果皮光滑，初时为青绿色，成熟时为金黄色，有香味，汁多味美，可连皮生食，夏季开花，秋冬果熟。分布于我国南方地区。校内见于实验果园，也有作盆栽。

441. 柚 芸香科（Rutaceae）

***Citrus maxima* (Burm.) Merr.** **pomelo**

常绿乔木。多分枝，有枝刺。单身复叶；叶片宽卵形至椭圆形，先端急尖，微凹；叶柄具倒心形宽翅。花单生；花瓣白色，卵状椭圆形，向外反曲；雄蕊20~25。果实特大，成熟后淡黄色，果皮厚，难剥离，表面平滑，香味极浓，瓤囊8~16瓣，每瓣有种子9粒左右。花期4—5月，果期9—10月。原产南亚和东南亚，我国南方常见栽培。校内见于图书馆、篮球场、蓝田学园等处。

442. 柑橘　芸香科（Rutaceae）

***Citrus reticulata* Blanco**　　**mandarine**

小乔木。单身复叶，翼叶通常狭窄；叶片披针形、椭圆形。花单生或2~3朵簇生；花萼不规则5~3浅裂；花瓣通常长1.5cm以内。果形种种，通常扁圆形至近圆球形，果皮甚薄而光滑，或厚而粗糙，淡黄色、朱红色。种子常有，稀无籽。花期4—5月，果期10—12月。可能原产台湾和琉球群岛，世界热带至亚热带地区广泛栽培。校内见于蓝田学园、临湖餐厅及东区庭院。

443. 枳　芸香科（Rutaceae）

***Citrus trifoliata* L.**　　**Chinese bitter orange**

小乔木。有枝刺。叶柄有狭长的翼叶，指状3出叶。花单朵或成对腋生。果近圆球形或梨形，大小差异较大，汁胞有短柄，果肉含黏液，微有香橼气味，甚酸且苦，带涩味。种子阔卵形，有黏液，平滑或间有不明显的细脉纹。花期5—6月，果期10—11月。分布于我国南方地区。校内见于湖心岛。

444. 酸橙　芸香科（Rutaceae）

***Citrus* × *aurantium* L.**　　**sour orange**

为柚和柑橘的杂交种。小乔木，刺多，徒长枝的刺长达 8cm。单身复叶；叶片上有油点。总状花序有花少数，有时兼有腋生单花，有单性花倾向。果近圆球形，果顶有浅的放射沟，果萼增厚呈肉质，果皮橙红色，略粗糙，油胞大，凹凸不平，果心充实，果肉味酸。花期 4—5 月，果期 9—12 月。校内见于图书馆、东区庭院。

445. 竹叶花椒　芸香科（Rutaceae）

***Zanthoxylum armatum* DC.**　　**Sichuan pepper**

落叶小乔木。茎多锐刺，小枝上的刺劲直，垂直于枝条。奇数羽状复叶，小叶 3~9，稀 11 片，翼叶明显；小叶对生，披针形，两端尖，顶端中央一片最大，基部一对最小；叶缘有小且疏的裂齿，或近于全缘。花序近腋生或同时生于侧枝之顶，花较多，花被片 6~8 片。果紫红色，有微凸起少数油点。种子褐黑色。花期 4—5 月，果期 8—10 月。分布于东亚至东南亚。校内见于松柏林。

446. 臭椿 苦木科（Simaroubaceae）

***Ailanthus altissima* (Mill.) Swingle** **tree of heaven**

落叶乔木，高达 20m。树皮光滑，具浅纵裂。奇数羽状复叶互生，长 30~90cm，有小叶 13~25 枚；小叶片草质，卵状披针形至披针形，搓揉后有臭味。圆锥花序顶生。花小，杂性异株。翅果成熟时黄褐色，长椭圆形。具 1 粒种子。花期 5—7 月，果期 8—10 月。分布于中国和朝鲜。校内见于校友林。

447. 米仔兰 楝科（Meliaceae）

***Aglaia odorata* Lour.** **Chinese perfume plant**

常绿多分枝灌木或小乔木。幼嫩部分被锈色星状鳞片。奇数羽状复叶互生，小叶 3~5 枚，对生，革质，两面无毛，近无小叶柄；叶轴有狭翅。圆锥花序腋生。花形如小米，极芳香；浆果卵形。花期 5—11 月。分布于我国华南地区至东南亚。校内见于南华园盆栽。

448. 楝　楝科(Meliaceae)

***Melia azedarach* L.**　　**chinaberry tree**

落叶乔木。树皮灰褐色，纵裂；小枝粗有灰白色皮孔。叶为二至三回羽状复叶互生；小叶卵形，边缘具粗锯齿，小叶柄短或无柄。圆锥花序腋生。花芳香，花 5 数，花瓣紫色，两面有毛；子房上位。核果，熟时淡黄色，宿存至次年春方脱落。花期 5—6 月，果期 10—11 月。分布于亚洲、澳大利亚和太平洋岛屿。校内见于校友林、湖心岛及南华园湿地。

449. 咖啡黄葵(秋葵)　锦葵科(Malvaceae)

***Abelmoschus esculentus* (L.) Moench**　　**okra**

一年生草本，高 0.7~1.5m。茎圆柱形，疏生刺毛。叶近圆形，掌状 3~5 裂，裂片卵状三角形，边缘具粗齿；托叶线形。花单生于叶腋，花黄色，内面基部紫色，直径 5~7cm；柱头紫黑色。蒴果柱状尖塔形，具长喙。花期 7—9 月，果期 9—10 月。原产印度，世界各地广泛作蔬菜秋葵栽培。校内见于菜地种植。

450. 黄蜀葵　锦葵科（Malvaceae）

***Abelmoschus manihot* (L.) Medik.　　sunset muskmallow**

一年或多年生草本，高 1~2m。全株疏被黄色长硬毛。叶掌状 5~9 深裂，边缘具粗钝锯齿；托叶披针形。花单生于枝端叶腋，花大，淡黄色，内面基部紫色，直径 8~12cm；柱头紫黑色。蒴果卵状椭圆形，被硬毛。花期 8—10 月，果期 10—11 月。分布于我国南方地区至南亚、东南亚。校内见于菜地种植。本种与咖啡黄葵的差别在于小苞片 4~5，卵状披针形，蒴果较短。

451. 苘麻　锦葵科（Malvaceae）

***Abutilon theophrasti* Medik.　　Indian mallow**

一年生半灌木状草本，高 0.5~2m，茎被柔毛。叶圆心形，边缘具细圆锯齿，两面密被星状柔毛。花单生于叶腋，花小，黄色，花柱黄色。蒴果半球形磨盘状，被粗毛，顶端具 2 长芒。花期 6—8 月，果期 8—10 月。世界广布。校内见于体育馆附近荒地。

452. 蜀葵　锦葵科(Malvaceae)

***Alcea rosea* L.**　　**hollyhock**

二年生草本，高达2m。茎枝密被刺毛。叶近圆心形，掌状5~7浅裂；两面被星状毛；托叶卵形。花腋生，单生或近簇生排成总状花序式。花大，有红、白、粉、黄、紫等色；单瓣或重瓣。果盘状。花期2—8月。原产我国，世界温带地区广泛栽培。校内见于南华园湿地路边。

453. 小木槿　锦葵科(Malvaceae)

***Anisodontea capensis* (L.) D.M.Bates**　　**African mallow**

多年生半灌木。茎具分枝，绿色、淡紫色或褐色。叶互生，三角的状卵形；叶三裂，裂片三角形，具不规则齿；初生长时很像草本，随之日渐成熟，枝条也转为木质化。花小，钟形，5瓣，圆整可爱，为粉色或粉红色；于叶腋处开1~3朵花。原产南非,我国有栽培。校内见于花坛栽培。

454. 田麻　锦葵科（Malvaceae）

Corchoropsis crenata **Siebold et Zucc.　　corchoropsis**

一年生草本，高 0.3~1m。枝具星状柔毛。叶互生；叶片卵形、长卵形至卵状披针形；托叶钻形，脱落。花单生叶腋，黄色，直径约 1~2cm；花瓣倒卵形；能育雄蕊 15，每 3 个成一束，退化雄蕊 5，匙状线形，长近 1cm。蒴果角状圆筒形，散生星状柔毛。花期 8—9 月，果期 9—10 月。分布于东亚。校内见于南华园湿地。

455. 梧桐　锦葵科（Malvaceae）

Firmiana simplex **(L.) W.Wight　　Chinese parasol tree**

落叶乔木，高达 15m。树皮青灰色，平滑。叶片掌状 3~5 浅裂，直径 15~30cm。圆锥花序顶生。花单性或杂性，淡黄绿色；花萼 5 深裂，萼片线形，向外卷曲。蓇葖果膜质，成熟前开裂成叶状。种子圆球形。花期 6 月，果期 11 月。分布于中国和日本。校内见于蒙民伟楼、东区庭院和西区路边。

456. 陆地棉　锦葵科（Malvaceae）

***Gossypium hirsutum* L.**　　**upland cotton**

一年生草本，高 1~1.5m。幼嫩部分被长柔毛。叶宽卵形，常 3 浅裂；托叶卵镰状，早落。花单生叶腋，小苞片 3，边缘具长齿裂；花萼杯状 5 裂；花白色，开后变淡紫红色。蒴果卵圆形。种子具白色长棉毛和灰白色不易分离短纤毛。原产美洲，世界各地广泛栽培。校内见于农业试验地。

457. 海滨木槿　锦葵科（Malvaceae）

***Hibiscus hamabo* Siebold et Zucc.**

落叶灌木，高 2~4m。分枝多，树皮灰白色。叶片近圆形，厚纸质，两面密被灰白色星状毛。花单生于枝端叶腋，花色金黄，鲜艳美丽。花冠钟状，直径 5~6cm，花瓣呈倒卵形。蒴果三角状卵形，5 裂，有褐毛。花期 7—10 月，果期 10—11 月。分布于我国浙江、日本和韩国。校内见于湖心岛和白沙学园西北角。

458. 木芙蓉　锦葵科（Malvaceae）

***Hibiscus mutabilis* L.　　confederate rose**

落叶灌木或小乔木，高 2~5m。密被细棉毛。叶宽卵形或心形，常 5~7 掌状浅裂，边缘具钝圆锯齿，托叶披针形，早落。花单生枝端叶腋，或排成总状花序式。花大，初开时淡红色，后变深红色。蒴果球形，密被黄色毛。花期 8—10 月，果期 10—11 月。原产我国，世界各地有栽培。校内常见栽培。

458a. 重瓣木芙蓉　锦葵科（Malvaceae）

***Hibiscus mutabilis* 'Plenus'**

木芙蓉的园艺品种。其特点是：花重瓣，通常粉红色，有时乳白色。

459. 木槿　锦葵科(Malvaceae)

Hibiscus syriacus **L.**　　**rose mallow**

落叶灌木，高 2~4m。嫩枝被黄褐色星状毛。叶菱状卵形或三角状卵形，具 3 裂，边缘不规则粗齿；三出叶脉；托叶线形。花单生枝端叶腋；花淡紫色，内面基部紫红色，花瓣楔状倒卵形。蒴果卵圆形，密被黄色星状毛。花期 7—9 月，果期 9—11 月。原产亚洲，北半球常见栽培。校内见于启真湖边(单瓣)。

459a. 牡丹木槿　锦葵科(Malvaceae)

Hibiscus syriacus **'Paeoniflorus'**

木槿的园艺品种。其特点是：花粉红色至淡紫红色，重瓣，直径 7~9cm，花多而艳，花期长。校内栽培的多为此品种，见于东区庭院、纳米楼附近等处。

460. 锦葵　锦葵科（Malvaceae）

Malva cathayensis **M.G.Gilbert, Y.Tang et Dorr**

二年生或多年生直立草本，高 0.5~1.5m。茎疏被粗毛。叶圆心形，5~7 浅裂，裂片钝圆，边缘具不规则圆齿，两面无毛。花 3~11 朵簇生于叶腋；花紫红色或白色，花瓣匙形，先端微具缺刻。果扁球形，分果瓣背面具网纹，疏被柔毛。花期 5—7 月，果期 7—8 月。原产印度，我国各地有栽培或归化。校内见于花坛栽培。

461. 马松子　锦葵科（Malvaceae）

Melochia corchorifolia **L.　　chocolateweed**

半灌木状草本，高 0.2~1m。叶互生；叶片薄纸质，卵形或披针形，边缘具锯齿，基出脉 3 条。花无柄，密集成顶生或腋生的聚伞花序或团伞花序；小苞片线形，混生花序内。花萼钟状；花瓣 5 枚，白色或淡红色。蒴果球形，具 5 棱。花果期夏秋季。分布于泛热带地区。校内见于体育馆附近荒地。

462. 毛瑞香　瑞香科（Thymelaeaceae）

***Daphne kiusiana* var. *atrocaulis* (Rehder) F.Maek.**

日本毛瑞香的变种。常绿灌木，高 0.5~1.2m。幼枝与老枝紫褐色。单叶互生，有时簇生于枝端；叶片革质，椭圆形至倒披针形，长 5~12cm。花 5~13 朵簇生而组成稠密的顶生头状花序；总花梗几无。花萼管状，白色，外面与花梗均密生灰黄色柔毛，裂片 4；雄蕊 8。核果卵状椭圆形，红色。花期 2—4 月，果期 8—9 月。分布于我国南方地区。校内曾有栽培。

463. 结香　瑞香科（Thymelaeaceae）

***Edgeworthia chrysantha* Lindl.　　oriental paperbush**

落叶灌木，高达 2m。枝条常呈三叉状分枝，柔韧，可打结。叶互生，常簇生枝端；叶片纸质，椭圆状长圆形或椭圆状倒披针形，全缘。头状花序生于枝端叶腋；总花梗下弯，密被长绢毛。花萼管状，外面密被淡黄白色绢状长柔毛，裂片 4；雄蕊 8。花期 2—4 月，果期 8—9 月。分布于我国南方地区。校内常见栽培。

464. 旱金莲　旱金莲科（Tropaeolaceae）

***Tropaeolum majus* L.**　**nasturtium**

一年生或多年生草本。茎多肉质，多分枝。叶片圆盾形，直径 2~12cm，有波状钝角；叶柄盾着。花单生叶腋，直径 2.5~6cm；萼片 5 枚，其中 1 枚延长成一长距；花瓣 5 枚，黄色、红色、褐红色、乳白色或杂色，不等大，近瓣柄处边缘细撕裂状；雄蕊 8 枚。果实为裂成 3 瓣的肉质分果。花果期 3—11 月。原产南美洲，我国有栽培。校内见于花坛栽培。

465. 雪里蕻（雪菜）　十字花科（Brassicaceae）

***Brassica juncea* 'Multiceps'**　**Chinese mustard**

芥菜的栽培品种。一年或二年生草本，高 30~90cm。直立茎粗壮，下部常被毛，常有白粉。基生叶和茎下部叶多裂，边缘皱卷；茎上部叶具齿，最上部的叶片全缘。总状花序顶生和侧生。花瓣黄色，倒卵形。长角果线形。花期 4—5 月，果期 5—6 月。校内见于菜地种植。

466. 羽衣甘蓝　十字花科（Brassicaceae）

***Brassica oleracea* var. *acephala* DC.**　**ornamental kale**

野甘蓝的变种。二年生草本，高可达1m。基生叶质厚柔软，叶片大，近圆形，叶面皱缩，边缘波状；茎生叶质厚，具白粉，长椭圆形，较小；有白黄、黄绿、粉红、紫红等颜色。总状或复总状花序顶生和腋生。花瓣黄色。花期4—5月，果期5—6月。原产欧洲，世界温带地区广泛栽培。校内见于花坛栽培。

467. 青菜　十字花科（Brassicaceae）

***Brassica rapa* var. *chinensis* (L.) Kitam.**　**bok choy**

蔓菁的变种。一年或二年生草本，高30~40cm。无毛，茎直立；基生叶丛生，叶片宽椭圆形，基部肉质，肥厚，白色或淡绿色；茎生叶叶片长椭圆形。总状花序顶生。花瓣黄色，倒卵圆形，基部具短瓣柄。长角果圆柱形。种子球形，紫褐色。花期4—5月，果期5—6月。校内见于菜地种植。

467a. 紫菜苔　十字花科（Brassicaceae）

Brassica rapa **var.** ***parachinensis*** **(Bailey) Hanelt　　choy sum**

蔓菁的变种。茎、叶、叶柄、花序轴及果瓣均带有紫色。基生叶叶片大头羽状分裂；下部茎生叶叶片三角状长圆形；上部茎生叶略抱茎。花期 3—5 月，果期 4—5 月。校内见于菜地种植。

468. 荠（荠菜）　十字花科（Brassicaceae）

Capsella bursa-pastoris **(L.) Medik.　　shepherd's purse**

一年或二年生草本，高 10~52cm。茎直立，被毛。基生叶莲座状，平铺地面，叶片长圆形，叶柄有狭翅；茎生叶叶片披针形。总状花序。花小；萼片膜质；花瓣白色，倒卵形；短角果倒三角状心形，熟时开裂。花期 3—4 月，果期 6—7 月，可延续至秋季。原产亚洲西南部和欧洲，现世界各地广布，江浙常见野菜。校内常见生长。

469. 碎米荠　十字花科(Brassicaceae)

Cardamine occulta Hornem.　**hairy bittercress**

一年或二年生草本，高 15~30cm。茎直立或斜升，下部密被白毛。奇数羽状复叶，基生叶于茎下部叶具柄；茎上部叶具短柄。总状花序顶生。萼片长椭圆形，边缘膜质；花瓣白色，倒卵形。长角果线形，无毛。种子椭圆形，褐色。花期 2—4 月，果期 3—5 月。原产东亚，引入欧洲。校内常见生长。

470. 臭荠　十字花科(Brassicaceae)

***Coronopus didymus* (L.) Sm.**　**lesser swinecress**

一年或二年生草本。全体有臭味，匍匐茎，被柔毛。叶片羽状分裂，裂片线形，全缘，无毛。总状花序腋生。花小；萼片具白色膜质边缘；花瓣白色，长圆形；雄蕊 2 枚；花柱极短。短角果扁肾球形，顶端下凹。种子卵形，红褐色。花期 4 月，果期 5 月。分布于亚洲、欧洲和北美洲。校内见于各路边、荒地，为常见杂草。

471. 紫罗兰　十字花科（Brassicaceae）

Matthiola incana **(L.) R.Br.　　tenweeks stock**

二年或多年生草本，高 30~60cm。直立茎，全体被灰白色绵毛，基部稍木质化。叶互生，叶片长圆形，全缘。总状花序顶生和腋生。花瓣紫红、淡红或白色。长角果圆柱状，被柔毛。种子近扁球形，边缘具白色膜质翅。花期 4—5 月。原产欧洲，世界各地广泛栽培。校内见于花坛栽培。

472. 诸葛菜　十字花科（Brassicaceae）

Orychophragmus violaceus **(L.) O.E.Schulz**

一年或二年生草本，高 20~65cm。直立茎，有白粉。基生叶和茎下部叶大头羽状分裂，边缘有波状钝齿；茎上部叶边缘有不齐波齿，无叶柄。总状花序顶生。萼片被长柔毛；花瓣淡紫红色，倒卵圆形，有细密脉纹。长角果线形。花期 3—5 月，果期 4—6 月。分布于华东地区。校内见于湖心岛及附近林下。

473. 萝卜　十字花科(Brassicaceae)

***Raphanus sativus* L.　　radish**

一年或二年生草本，高可到 1m。直根粗壮，肉质，大小和颜色多样。直立茎中空，稍有白粉。基生叶和茎下部叶大头羽状分裂，茎生叶长圆形，不裂或微裂。总状花序顶生和腋生。花瓣淡紫色或白色，倒卵形。长角果肉质，不开裂。花期 4—5 月，果期 5—6 月。原产欧洲，世界各地广泛栽培。校内见于菜地种植。

474. 广州蔊菜　十字花科(Brassicaceae)

***Rorippa cantoniensis* (Lour.) Ohwi　　Chinese yellowcress**

一年或二年生草本，高约 20cm。茎直立或铺散状，无毛。基生叶羽状深裂，有柄；茎生叶羽状分裂，无柄。总状花序。花小；具叶状苞片；花单生于苞片腋内，花瓣黄色，宽倒披针形。短角果圆柱形至长圆形。种子宽卵形，淡褐色。花期 4 月，果期 5 月。分布于东亚。校内见于东区庭院路边。

475. 蔊菜　十字花科（Brassicaceae）

***Rorippa indica* (L.) Hiern　　variableleaf yellowcress**

一年或二年生草本，高约 15~50cm。茎直立或斜升，具纵棱槽。叶形多样，基生叶和茎下部叶大头羽状分裂，有柄；茎上部叶向上渐小，长圆形。总状花序顶生和腋生。花小；花瓣黄色，匙形；花药长戟形。长角果线形圆柱状。花期 4—5 月，花后果实渐次成熟。分布于东亚至东南亚。校内见于路边、荒地，为常见杂草。

476. 何首乌　蓼科（Polygonaceae）

***Fallopia multiflora* (Thunb.) Haraldson　　Chinese knotweed**

多年生草本。块根肥厚，长椭圆形，黑褐色。茎缠绕，多分枝，下部木质化。叶卵形或长卵形，长 3~7cm，全缘；托叶鞘膜质，筒状，褐色。花序圆锥状。花被 5 深裂，白色或淡绿色；雄蕊 8；柱头 3，极短。瘦果卵形，具 3 棱，黑褐色，包于宿存花被内。花期 8—9 月，果期 9—10 月。分布于华东、华中和华南地区。校内见于游泳池附近。

477. 萹蓄　蓼科(Polygonaceae)

***Polygonum aviculare* L.**　**knotweed**

一年生草本。茎平卧、上升或直立，自基部多分枝，具纵棱。叶椭圆形，狭椭圆形或披针形。花单生或数朵簇生于叶腋，遍布于植株；花被5深裂，椭圆形，绿色，边缘白色或淡红色；雄蕊8，花丝基部扩展；花柱3，柱头头状。瘦果卵形，具3棱，黑褐色，密被由小点组成的细条纹，无光泽，与宿存花被近等长或稍超过。花期5—7月，果期6—8月。北温带广布。校内见于东七附近林缘。

478. 辣蓼　蓼科(Polygonaceae)

***Polygonum hydropiper* L.**　**water pepper**

一年生草本。茎直立，多分枝，无毛，节部膨大。叶披针形或椭圆状披针形，具辛辣味，叶腋具闭花受精花；通常托叶鞘内藏有花簇。总状花序呈穗状，顶生或腋生，通常下垂，花稀疏，下部间断；柱头头状。瘦果卵形，双凸镜状或具3棱，密被小点，黑褐色，无光泽，包于宿存花被内。花期5—9月，果期6—10月。分布于亚洲、欧洲和北美洲。校内见于启真湖边及南华园湿地。

479. 酸模叶蓼　蓼科（Polygonaceae）

***Polygonum lapathifolium* L.　　curlytop knotweed**

一年生草本。茎直立，具分枝，无毛，节部膨大。叶披针形或宽披针形，上面绿色，常有一个大的黑褐色新月形斑点。总状花序呈穗状，顶生或腋生，花紧密，通常由数个花穗再组成圆锥状；花被淡红色或白色，花被片椭圆形；瘦果宽卵形，双凹，黑褐色，有光泽，包于宿存花被内。花期 6—8 月，果期 7—9 月。东亚及东南亚广布。校内见于启真湖边。

480. 长鬃蓼（马蓼）　蓼科（Polygonaceae）

***Polygonum longisetum* Bruijn　　oriental lady's thumb**

一年生无毛草本。茎直立，节部略膨大，节上生不定根。叶互生，披针形或宽披针形，长 3~9cm；托叶鞘膜质，筒状。总状花序呈穗状；苞片漏斗状，每苞内具 3~6 花。花被 5 深裂，淡红色或紫红色，花被片椭圆形；雄蕊 8；柱头 3，中下部合生。瘦果宽卵形，具 3 棱，黑色。花期 6—8 月，果期 7—9 月。广布亚洲。校内见于各林下。

481. 红蓼（荭草） 蓼科（Polygonaceae）

***Polygonum orientale* L.** **kiss me over the garden gate**

一年生草本。茎直立，粗壮，高1~2m，上部多分枝，密被开展的长柔毛。叶宽卵形、宽椭圆形或卵状披针形。总状花序呈穗状，顶生或腋生，花紧密，微下垂，通常数个再组成圆锥状；花被片椭圆形，雄蕊7，比花被长；花盘明显；花柱2，中下部合生，比花被长，柱头头状。瘦果近圆形，双凹，黑褐色，有光泽，包于宿存花被内。花期6—9月，果期8—10月。全国广布。校内荒地偶见。

482. 杠板归 蓼科（Polygonaceae）

***Polygonum perfoliatum* L.** **Asiatic tearthumb**

一年生草本。茎攀缘，多分枝，具纵棱，沿棱具稀疏的倒生皮刺。叶三角形，长薄纸质，上面无毛，下面沿叶脉疏生皮刺；叶柄与叶片近等长，具倒生皮刺。总状花序呈短穗状，不分枝顶生或腋生；花被5深裂，白色或淡红色，花被片椭圆形，呈肉质，深蓝色；瘦果球形，黑色，有光泽，包于宿存花被内。花期6—8月，果期7—10月。东亚及东南亚广布。校内见于启真湖边。

483. 香蓼　蓼科(Polygonaceae)

Polygonum viscosum **Buch.-Ham. ex D. Don**

一年生草本，植株具香味。茎直立或上升，多分枝，叶卵状披针形或椭圆状披针形。总状花序呈穗状，顶生或腋生，花紧密，通常数个再组成圆锥状，花被5深裂，淡红色，花被片椭圆形，瘦果宽卵形，具3棱，黑褐色，有光泽，包于宿存花被内。花期7—9月，果期8—10月。分布于东亚及东南亚。校内林下偶见。

484. 齿果酸模　蓼科(Polygonaceae)

Rumex dentatus **L.　toothed dock**

一年生草本。茎直立，具浅沟槽。茎下部叶长圆形或长椭圆形，长4~12cm，边缘浅波状；托叶鞘膜质，筒状。花序总状。花两性，黄绿色，花梗中下部具关节；花被片6深裂成2轮；内花被片果时增大，三角状卵形；雄蕊6；柱头3。瘦果卵形，具3锐棱，黄褐色，有光泽。花期5—6月，果期6—7月。世界广布。校内见于各路边、荒地，为常见杂草。

485. 羊蹄　蓼科(Polygonaceae)

Rumex japonicus **Houtt.**

多年生草本。主根粗大，长圆形，黄色。茎直立，高 50~100cm。基生叶长圆形或披针状长圆形，长 8~25cm，基部圆形或心形，有叶柄；托叶鞘膜质，易破裂。花序圆锥状。花两性，花被片 6, 淡绿色，内花被片果时增大，宽心形。瘦果宽卵形，具 3 锐棱，暗褐色，有光泽。花期 5—6 月，果期 6—7 月。分布于东亚。校内见于各路边、荒地，为常见杂草。本种与齿果酸模的差别在于内轮果被无针状牙齿。

486. 球序卷耳　石竹科(Caryophyllaceae)

Cerastium glomeratum **Thuill.**　　**sticky mouse-ear**

一年生草本。高 10~20cm。茎单生或丛生，密被柔毛。基部叶匙形，上部茎生叶倒卵状椭圆形,长 1.5~2.5cm。聚伞花序簇生或呈头状。萼片 5，披针形；花瓣 5,白色,顶端 2 裂；雄蕊 10；花柱 5。蒴果长圆形。花期 3—4 月，果期 5—6 月。世界广布。校内见于各路边、林下，为常见杂草。

487. 须苞石竹　石竹科（Caryophyllaceae）

***Dianthus barbatus* L.**　**sweet william**

多年生草本，高 30~60cm。茎光滑无毛。叶片披针形，长 4~8cm。聚伞花序聚成紧密头状；4 枚苞片与萼筒等长、顶端尾尖；花多数，花梗极短。花瓣 5，具长爪，紫色、绯红色或白色，有白色斑纹。花果期 5—10 月。原产欧洲，世界各地广泛栽培。校内见于花坛栽培。

488. 石竹　石竹科（Caryophyllaceae）

***Dianthus chinensis* L.**　**China pink**

多年生草本，高 30~50cm。茎光滑无毛。叶片线状或披针形，长 3~5cm。花单生顶端或 3~5 朵成聚伞花序；苞片 4；萼圆筒形，先端 5 裂。花瓣 5，紫红色、粉红色、鲜红色或白色，边缘不整齐齿裂。蒴果长圆形。花期 5—6 月，果期 7—9 月。原产我国，世界温带地区常见栽培。校内见于花坛栽培。本种与须苞石竹的差别在于花单生或排成疏散的聚伞花序。

489. 常夏石竹　石竹科(Caryophyllaceae)

***Dianthus plumarius* L.**　**feathered pink**

多年生草本，高 30cm。茎蔓状簇生，上部分枝，越年呈木质状，光滑而被白粉。叶长线形，灰绿色。花 2~3 朵顶生枝端，花冠紫、粉红或白色；花期 5—10 月。原产欧洲，世界各地有栽培。校内见于迪臣南路。

490. 瞿麦　石竹科(Caryophyllaceae)

***Dianthus superbus* L.**　**fringed pink**

多年生草本，高 50~60cm。茎丛生。叶片线状披针形，基部合生成鞘状。花 1~2 朵顶生；苞片 2~3 对；萼筒形；花瓣淡红色，稀白色，边缘开裂至中部以上。蒴果。花期 6—9 月，果期 8—10 月。分布于亚洲和欧洲。校内见于纳米楼东北角。

491. 鹅肠菜（牛繁缕） 石竹科（Caryophyllaceae）

Myosoton aquaticum **(L.) Moench　　water chickweed**

二年生或多年生草本，常伏生地面。叶卵形或宽卵形，长 2.5~5.5cm。顶生二歧聚伞花序；花梗细长。萼片 5，短于花瓣；花瓣 5，白色，2 深裂，裂片线形或披针形，长 3~3.5mm；雄蕊 10；花柱 5。蒴果。花期 5—8 月，果期 6—9 月。分布于北半球温带至亚热带地区。校内见于校友林等处，为常见杂草。本种与繁缕的差别在于花柱 5。

492. 漆姑草　石竹科（Caryophyllaceae）

Sagina japonica **(Sw.) Ohwi　　Japanese pearlwort**

一年生或两年生小草本，高 5~20cm。茎丛生，稍铺散。叶对生，线性。小花单生枝端；萼片 5；花瓣 5，白色，卵形；雄蕊 5；花柱 5。蒴果卵圆形。种子细，表面具尖瘤状凸起。花期 3—5 月，果期 5—6 月。分布于东亚。校内见于各林下、草地及砖石路石缝中。

493. 高雪轮　石竹科 (Caryophyllaceae)

***Silene armeria* L.**　　**sweet William silene**

一年生草本，高 30~50cm。茎单生，直立。基生叶匙形；茎生叶卵状心形至披针形，长 2.5~7cm。复伞房花序较紧密。花萼筒状棒形；花瓣淡红色，爪倒披针形；副花冠披针形，长 3mm。蒴果长圆形。花期 5—6 月，果期 6—7 月。原产欧洲南部。校内见于南华园湿地路边。

494. 雀舌草　石竹科 (Caryophyllaceae)

***Stellaria alsine* Grimm**　　**bog chickweed**

二年生草本，高 15~25cm。全株无毛。叶片披针形至长圆状披针形，长 5~20mm。聚伞花序多 3~5 花；苞片 2，披针形。萼片 5；花瓣 5，白色，短于萼片或近等长，2 深裂；雄蕊 5；花柱 3 或 2。蒴果，顶端 6 裂。花期 5—6 月，果期 7—8 月。北温带地区广布。校内见于各路边、草丛。

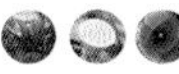

495. 繁缕　石竹科（Caryophyllaceae）

Stellaria media **(L.) Vill.　　chickweed**

一年或两年生草本，10~30cm。茎上常有柔毛。叶宽卵形或卵形，长0.5~2.5cm。疏聚伞花序顶生。萼片5，长于萼片；花瓣5，白色，2深裂；雄蕊3~5；花柱3。蒴果；花期6—7月，果期7—8月。世界广布。校内见于各路边、林下，为常见杂草。

496. 鸡肠繁缕　石竹科（Caryophyllaceae）

Stellaria neglecta **Weihe　　greater chickweed**

一年或二年生草本，高30~80cm。茎丛生，被柔毛。叶卵形或狭卵形，长2~3cm。二歧聚伞花序顶生；萼片5，外面密被多细胞腺柔毛；花瓣5，白色，2深裂；雄蕊8~10；花柱3。蒴果。花期4—6月，果期6—8月。分布于非洲、亚洲和欧洲。校内见于各路边、林下。本种与繁缕的差别在于雄蕊8~10。

497. 牛膝　苋科（Amaranthaceae）

Achyranthes bidentata **Blume　　ox knee**

多年生草本。茎有棱角或四方形，节膝状膨大，绿色或带紫色。叶对生，椭圆形或椭圆披针形，具柔毛。穗状花序顶生及腋生，花序轴具柔毛。花多数，小而密生；花被5，披针形。胞果长圆形，黄褐色。花期7—9月，果期9—11月。分布于非洲和亚洲。校内见于各林下、路边。

498. 空心莲子草（喜旱莲子草）　苋科（Amaranthaceae）

Alternanthera philoxeroides **(Mart.) Griseb.　　alligator weed**

多年生草本。茎基部匍匐，节上生细根，中空，有分枝，节腋具毛。叶椭圆至倒卵披针形。头状花序，腋生；苞片及小苞片白色，干膜质，宿存。花被5，矩圆形，白色，光亮。花期6—9月。原产南美洲，作为饲料植物引入我国后逸生。校内见于各湿地和路边，外来入侵杂草。

499. 凹头苋　苋科（Amaranthaceae）

***Amaranthus blitum* L.**　　**purple amaranth**

一年生草本，全体无毛。茎伏卧而上升，从基部分枝，淡绿色或紫红色。叶片卵形或菱状卵形，顶端凹缺。花成腋生花簇，直至下部叶的腋部，生在茎端和枝端者成直立穗状花序或圆锥花序；花被片矩圆形或披针形，顶端急尖，边缘内曲，背部有1隆起中脉；雄蕊比花被片稍短。胞果扁卵形，不裂，微皱缩而近平滑，超出宿存花被片。种子环形，黑色至黑褐色，边缘具环状边。花期7—8月，果期8—9月。分布于非洲、亚洲、欧洲和南美洲。校内见于各处林缘、荒地。

500. 苋（苋菜）　苋科（Amaranthaceae）

***Amaranthus tricolor* L.**　　**tampala**

一年生草本。茎粗壮，绿色或红色，常分枝，幼时有毛或无毛。叶片卵形、菱状卵形或披针形，全缘或波状缘，无毛。花簇腋生，直到下部叶，或同时具顶生花簇，成下垂的穗状花序；花簇球形，雄花和雌花混生；胞果卵状矩圆形，环状横裂，包裹在宿存花被片内。种子近圆形或倒卵形，黑色或黑棕色，边缘钝。花期5—8月，果期7—9月。原产南美洲，世界各地广泛作蔬菜苋菜栽培。校内见于菜地种植。

501. 厚皮菜　苋科（Amaranthaceae）

***Beta vulgaris* var. *cicla* L.　　chard**

甜菜的变种。二年生草本，高约 50~70cm。茎短。叶片绿色，叶柄及叶脉明显而色白，叶长椭圆形至长戟形，全缘至皱波浪缘；开花时茎部会抽长，雌雄同株或异株。花绿而小。种子有棱，色黑。原产欧洲，世界各地广泛栽培。校内见于花坛栽培。

502. 鸡冠花　苋科（Amaranthaceae）

***Celosia cristata* L.　　cockscomb**

一年生草本。茎直立，略呈红色或紫红色。叶片卵形或披针形。花密生成穗状花序，顶生，成扁平肉质鸡冠状，卷毛状或羽毛状。花色多样而艳丽，有红、紫、黄、橙或杂色相间。种子扁球形，黑色。花果期 7—10 月。原产亚洲，世界各地广泛栽培。校内见于花坛栽培。

502a. 凤尾鸡冠　苋科（Amaranthaceae）

***Celosia cristata* 'Plumosa'**

鸡冠花园艺品种。其特点是：花序多分枝，呈圆锥花序状，似火炬。

503. 藜　苋科（Amaranthaceae）

***Chenopodium album* L.**

lambsquarters

草本，高 30~150cm。茎具条棱。叶片菱状卵形至宽披针形，长 3~6cm，边缘具不整齐粗锯齿，下面生粉粒，灰绿色。花两性，簇生于枝上部，穗状圆锥状或圆锥状花序。花被裂片 5；雄蕊 5；柱头 2。胞果包于花被内，果皮与种子贴生。花果期 5—10 月。世界温带至热带地区广布。校内见于荒地、墙缝中。

504. 小藜　苋科（Amaranthaceae）

Chenopodium ficifolium **Sm.**　　**figleaf goosefoot**

一年生草本，高 20~50cm。茎具条棱。叶片卵状矩圆形，长 2.5~5cm，三浅裂，边缘具深波状锯齿。顶生圆锥状花序。花两性，数个团集；花被近球形，5 深裂；雄蕊 5；柱头 2。胞果包在花被内，果皮与种子贴生。花期 4—5 月。分布于欧亚大陆及北美洲。校内见于各路边、田间，为常见杂草。本种与藜的差别在于叶片较窄。

505. 土荆芥　苋科（Amaranthaceae）

Dysphania ambrosioides **(L.) Mosyakin et Clemants**　　**Mexican tea**

一年生或多年生草本，有强烈香味。茎直立，多分枝，有色条及钝条棱；枝通常细瘦，叶片边缘具稀疏不整齐的大锯齿，上面平滑无毛，下面有散生油点并沿叶脉稍有毛。花两性及雌性，通常 3~5 个团集，生于上部叶腋；果时通常闭合，花柱不明显。胞果扁球形，完全包于花被内。种子横生或斜生，黑色或暗红色，平滑，有光泽，边缘钝。原产热带美洲，现广布于世界热带及温带地区。校内荒地偶见。

506. 千日红　苋科（Amaranthaceae）

***Gomphrena globosa* L.**　**globe amaranth**

一年生草本。茎直立粗壮，节稍膨大，密被细柔毛。叶片长椭圆形或长圆状倒卵形，具毛。花密生成头状花序，顶生，球形或矩圆形。花常紫红色，有时淡紫色或白色；具总苞片 2，对生，叶状；花被 5，背面密生白毛。花期 6—9 月。原产美洲热带地区，世界各地常见栽培。校内见于花坛栽培。

507. 垂序商陆（美洲商陆）　商陆科（Phytolaccaceae）

***Phytolacca americana* L.**　**American pokeweed**

多年生草本，植株高大。根粗壮，肉质。茎直立，带紫红色。叶片长卵形，顶端急尖，基部楔形。总状花序顶生或侧生。花两性，白色，微带红晕；花被 5，雄蕊、心皮及花柱均为 10，心皮合生。果序下垂；浆果扁球形，熟时紫黑色。种子肾圆形。花期 6—8 月，果期 8—10 月。原产北美洲，现逸生于亚洲和欧洲。校内见于湖心岛及体育馆附近荒地，外来入侵杂草。

508. 叶子花　紫茉莉科（Nyctaginaceae）

Bougainvillea spectabilis **Willd.**　　**great bougainvillea**

藤状灌木，茎粗壮，腋生弯刺，密被柔毛。单叶互生，厚纸质，卵形至卵状披针形，全缘，先端急尖或钝圆。苞片椭圆状卵形，红色；花较小，黄绿色，常三朵聚生于三片苞片内；花被筒密生柔毛，顶端 5 浅裂；雄蕊 6~8，花柱细长。瘦果 5 棱。原产南美洲，我国南方常见栽培。校内见于生命科学学院玻璃大厅。

509. 紫茉莉　紫茉莉科（Nyctaginaceae）

Mirabilis jalapa **L.**　　**four o'clock flower**

一年或多年生草本。根粗壮；茎直立，节稍膨大。叶片卵形至卵状三角形，全缘。花数朵呈聚伞状簇生枝端，每花具 1 总苞，顶端 5 深裂；花被漏斗状，顶端 5 浅裂，基部膨大球形包裹子房；雄蕊 5，花丝细长；花柱线形。瘦果近球形，熟时黑色具棱。花期 6—10 月，果期 8—11 月。原产美洲热带地区，我国南方常见栽培。校内有栽培，偶见逸生。

510. 落葵（木耳菜） 落葵科（Basellaceae）

Basella alba **L.** **Ceylon spinach**

一年生缠绕草本，肉质。茎可达数米，无毛，绿色或略带紫红色。叶片卵形或近圆形，全缘，背面叶脉微凸起。穗状花序腋生；苞片极小，早落；小苞片2，宿存。花被淡红色或淡紫色。果实球形，红色至深红或黑色，多汁液。花期5—9月，果期7—10月。泛热带地区广布。校内见于菜地种植。

511. 环翅马齿苋 马齿苋科（Portulacaceae）

Portulaca umbraticola **Kunth** **Wingpod Purslane**

一年生肉质草本。茎平卧或斜升，常带红色。叶互生，有时近对生，叶片倒卵形，先端急尖或圆钝，全缘。花较大，常3~5朵簇生枝端，直径2.5~4cm，午时盛开；花瓣5，颜色多变，红色、粉红色或黄色；雄蕊多数；柱头通常5裂。蒴果倒卵球形，果实周围具一圈透明的膜状翅。花果期6—9月。原产美洲，世界各地广泛栽培。校内见于花坛栽培。

512. 马齿苋　马齿苋科(Portulacaceae)

Portulaca oleracea **L.**　　**little hogweed**

一年生肉质草本，全株无毛。茎平卧或斜倚，伏地铺散，叶互生，有时近对生，叶片扁平，肥厚，倒卵形，似马齿状，顶端圆钝或平截，有时微凹，全缘，上面暗绿色，下面淡绿色或带暗红色，中脉微隆起；叶柄粗短。花无梗，常 3~5 朵簇生枝端，午时盛开；花瓣 5，稀 4，黄色，倒卵形。蒴果卵球形。种子细小，多数，黑褐色，有光泽。花期 5—8 月，果期 6—9 月。世界温带至热带地区广布。校内见于荒地、砖石路缝中。

513. 喜树　山茱萸科(Cornaceae)

Camptotheca acuminata **Decne.**　　**happy tree**

高大落叶乔木。叶互生，纸质，卵形至椭圆形，先端短尖，基部近圆形，全缘或稍波状。花单性，雌雄同株，头状花序球形；总花梗微被柔毛；苞片 3；萼片 5 浅裂，边缘有纤毛；花瓣 5；雄花雄蕊 10，2 轮；雌花子房下位，花柱 2~3 裂。瘦果长圆形，具翅。花期 5—7 月，果期 9 月。分布于我国南方地区。校内见于校友林、西区庭院等处。

514. 灯台树　山茱萸科（Cornaceae）

Cornus controversa **Hemsl.　wedding cake tree**

落叶乔木，高 3~13m。树皮暗灰色，皮孔和叶痕明显。叶互生，叶片宽卵形，先端急尖，基部圆形；叶表面深绿色，背面灰绿色。聚伞花序。花小，白色；萼筒被灰白色柔毛；花瓣 4，雄蕊与花瓣等数互生。果球形，蓝黑色。花期 5 月，果期 8—9 月。分布于中国和日本。校内见于校友林。

515. 秀丽四照花　山茱萸科（Cornaceae）

Cornus hongkongensis **subsp.** ***elegans*** **(W.P.Fang et Y.T.Hsieh) Q.Y.Xiang**

香港四照花的亚种。常绿乔木，高 3~12m。树皮光滑，灰黑色。枝微被毛。叶对生，椭圆形，两面绿色，无毛或被疏生伏毛。头状花序球形；总苞片 4，淡黄白色。花瓣 4，黄绿色；雄蕊 4，与花瓣互生；花盘 4 浅裂。果序球形，熟时为红色。花期 6—7 月，果期 10 月。分布于东亚。校内见于湖心岛、东区庭院。

516. 梾木　山茱萸科（Cornaceae）

***Cornus macrophylla* Wall.**　**large-leaved dogwood**

落叶乔木，高 4~18m。树皮灰绿色至暗紫色，老枝上可见半环状叶痕；冬芽外侧密被短绒毛。单叶对生，长卵圆形，全缘或微具小齿。二歧聚伞花序圆锥状。花白色，微具香气；花瓣 4，雄蕊 4。果球形，紫黑色。花期 6 月，果期 8—9 月。分布于东亚。校内见于西区北侧树林。本种与灯台树差别在于叶对生。

517. 光皮梾木　山茱萸科（Cornaceae）

***Cornus wilsoniana* Wangerin**

落叶乔木，高 15~23m。幼树树皮光滑，老树树皮片状剥落。叶对生，纸质，椭圆形；叶片上面散生柔毛，下面密被细小乳点和柔毛。圆锥状聚伞花序。花白色，有香气；花瓣 4，条状披针状；雄蕊 4。果实球形，紫黑色。花期 5 月，果期 10 月。分布于我国南方地区。校内见于东区庭院。

518. 蓝果树　山茱萸科（Cornaceae）

Nyssa sinensis **Oliv.　　Chinese tupelo**

高大落叶乔木。单叶互生，叶片薄革质，近卵状披针形，先端短尖至渐尖，基部近圆形，全缘或稍波状。雌雄异株，花序伞形或短总状；雄花序生于老枝，具花 6~8 朵，花萼 5 裂，花瓣 5，鳞片状；雄蕊与花瓣同数或为花瓣数两倍；子房下位与花托合生。核果。花期 3—4 月，果期 5 月以后。分布于中国和越南。校内见于东六庭院及西区庭院。

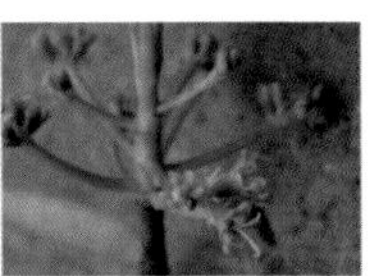

519. 绣球　绣球科（Hydrangeaceae）

Hydrangea macrophylla **(Thunb.) Ser.　　bigleaf hydrangea**

灌木。茎常于基部发出多数放射枝而形成一圆形灌丛；枝圆柱形，粗壮，具少数长形皮孔。叶纸质或近革质，倒卵形或阔椭圆形，先端骤尖，边缘于基部以上具粗齿，两面无毛或仅下面中脉两侧被稀疏卷曲短柔毛。伞房状聚伞花序近球形。花白色，后变粉红色或蓝色，全部为放射花；萼片 4 枚，全缘或有疏齿。花期 6—8 月。原产日本。校内常见栽培。

520. 凤仙花（指甲花） 凤仙花科（Balsaminaceae）

Impatiens balsamina **L.**　　**touch-me-not**

一年生肉质，草本。茎粗壮，直立，下部节常膨大。叶互生，披针状，长 4~12cm，边缘有锐锯齿。花单生或 2~3 朵簇生于叶腋，白粉或紫色，单瓣或重瓣；具内弯的距；旗瓣圆形，兜状；雄蕊 5。蒴果纺锤形，密被柔毛，成熟瓣裂，黑色种子弹射而出。花期 7—10 月。原产印度和缅甸。校内见于花坛栽培。

521. 苏丹凤仙花　凤仙花科（Balsaminaceae）

Impatiens walleriana **Hook.f.**　　**buzzy lizzy**

多年生草本。茎肉质，直立。叶互生，宽椭圆形至长圆状椭圆形，边缘具小圆齿。总花梗生于枝上部叶腋，常 2 花。花大小及颜色多变化：鲜红、深红、粉红、紫红、淡蓝、蓝紫或有时白色；旗瓣宽倒心形；具内弯长细距。蒴果纺锤形，无毛。花期 6—10 月。原产东非。校内见于花坛栽培。

522. 滨柃　五列木科(Pentaphylacaceae)

***Eurya emarginata* (Thunb.) Makino**

灌木。嫩枝圆柱形，粗壮，顶芽长锥形。叶厚革质，倒卵形或倒卵状披针形，边缘有细微锯齿，齿端具黑色小点，两面均无毛。花 1~2 朵生于叶腋；雄花近圆形；花瓣 5,白色,长圆形或长圆状倒卵形；雌花花瓣 5,卵形,子房圆球形。果实圆球形,成熟时黑色。花期 10—11 月,果期次年 6—8 月。分布于东亚。校内见于湖心岛。

523. 厚皮香　五列木科(Pentaphylacaceae)

***Ternstroemia gymnanthera* (Wight et Arn.) Sprague　　Japanese ternstoemia**

常绿灌木或小乔木，高 1.5~10m。全株无毛。叶片革质，椭圆形至椭圆状倒卵形，长 4.5~10cm，先端常钝渐尖，基部楔形下延，上面深绿色，有光泽。花单生叶腋或侧生，淡黄白色；花梗顶端下弯；萼片和花瓣各 5，基部合生。果实圆球形。花期 6—7 月，果期 9—10 月。分布于东亚至南亚。校内见于湖心岛。

524. 柿　柿科（Ebenaceae）

***Diospyros kaki* L.f.　　Chinese persimmon**

落叶大乔木，高 5~12m。树皮灰黑色，沟纹较密，裂成长方块状。叶片上面深绿色，下面疏生褐色柔毛。雌雄异株，聚伞花序生于叶腋。花萼 4 深裂，被毛；花冠黄白色，4 裂。果形多样，初时绿色，熟时橘红色。花期 4—6 月，果期 8—10 月。分布于我国长江流域地区。校内见于金工实验中心附近、西区及南华园等处。

525. 老鸦柿　柿科（Ebenaceae）

***Diospyros rhombifolia* Hermsl.**

落叶小乔木，高可达 7m。树皮光滑，灰褐色。枝深褐色，小枝被柔毛，有枝刺；叶片纸质，菱形倒卵状，叶脉上疏生柔毛。花单生于叶腋，单性，雌雄异株；花萼 4 深裂，花冠白色，4 裂。浆果球形，初时密被长柔毛，熟时脱落，橘红色。花期 4—5 月，果期 9—10 月。分布于华东地区。校内见于湖心岛。本种与柿的差别在于具棱刺，花萼近全裂。

526. 泽珍珠菜　报春花科（Primulaceae）

Lysimachia candida **Lindl.**

一年生或二年生无毛草本，高 15~40cm。基生叶匙形或倒披针形，具有狭翅的长柄；茎生叶互生，叶片线状倒披针形或线形，基部渐狭，下延；叶两面具有黑色或红色腺点。总状花序顶生。花冠白色，管状钟形；雄蕊稍短于花冠。蒴果球形。花期 3—6 月，果期 4—7 月。分布于中国、缅甸和越南。校内见于各湿地、水边，为常见杂草。

527. 临时救（聚花过路黄）　报春花科（Primulaceae）

Lysimachia congestiflora **Hemsl.**

多年生匍匐草本。叶对生，叶片卵形、阔卵形以至近圆形，近等大，长 1.5~3.5cm，先端锐尖至渐尖。花 2~4 朵集生茎端和枝端成近头状的总状花序。花萼分裂近达基部；花冠黄色，内面基部紫红色，散生暗红色腺点。蒴果球形。花期 5—6 月，果期 7—10 月。分布于我国长江以南地区。校内见于校友林和金工实验中心北侧树林林缘。

528. 星宿菜　报春花科(Primulaceae)

Lysimachia fortunei **Maxim.**

多年生无毛草本。根状茎横走，紫红色；茎直立，圆柱形，有黑色腺点。叶互生，近于无柄，叶片长圆状披针形至狭椭圆形，两面均有黑色腺点，干后成粒状突起。总状花序顶生，长 10~20cm。花冠白色，基部合生，裂片椭圆形或卵状椭圆形。蒴果球形。花期 6—8 月，果期 8—11 月。分布于东亚。校内见于金工实验中心附近林下。

529. 长梗过路黄　报春花科(Primulaceae)

Lysimachia longipes **Hemsl.**

一年生无毛草本。茎常单一，圆柱形。叶对生，卵状披针形，长 4~9cm，两面均有暗紫色或黑色腺点及短腺条，沿边缘尤密。花 4~11 朵组成顶生和腋生的疏松总状花序，总梗纤细，花梗细长。花萼分裂近达基部，有暗紫色腺条和腺点；花冠黄色，有明显的脉纹。蒴果褐色。花期 5—6 月，果期 6—7 月。分布于华东地区。校内见于校友林。

530. 毛柄连蕊茶（毛花连蕊茶） 山茶科（Theaceae）

Camellia fraterna **Hance**

常绿灌木。小枝及芽密生粗毛或柔毛。叶片椭圆形至倒卵状椭圆形，长 4~8.5cm，先端渐尖或尾状渐尖；叶柄有毛。花 1~2 朵顶生兼腋生，白色且多少带红晕，直径 3~4cm；苞片 5；萼片 5；花瓣 5~6，基部连生；雄蕊自基部连生至中部或以上；子房和花柱无毛。蒴果近球形。花期 12 月至翌年 3 月。分布于华东地区。校内见于湖心岛。

531. 山茶 山茶科（Theaceae）

Camellia japonica **L.** **Japanese camellia**

常绿乔木或灌木状。叶互生；叶片椭圆形至卵状长椭圆形，长 6~12cm，边缘具锯齿，上面深绿色。花单生或成对生于小枝顶端，红色，漏斗形，半开；苞片及萼片共 9~13，半圆形至卵圆形；花瓣 5~7，基部合生；雄蕊约 100~200，花丝白色，自基部连生成达于中上部的长筒；子房及花柱无毛。蒴果球形，直径 3~4cm，3 裂。花期 2—4 月。原产中国和日本，世界各地广泛栽培。校内常见栽培，品种繁多。

532. 茶梅　山茶科 (Theaceae)

Camellia sasanqua **Thunb.**　　**sasanqua camellia**

常绿灌木，高 1~1.5m。叶片较厚，常两列状排列，椭圆形至长圆形，长 2.5~6cm，上面深绿色，有光泽。花常单生于小枝最上部的叶腋，玫瑰红色或稍淡，半重瓣至几重瓣，全开，直径 5~6cm；苞片及萼片共 7~9；花瓣宽倒卵形，先端具缺口，多少反曲；花丝带黄色；子房有毛，花柱无毛。蒴果球形，直径 2~3cm。花期 12 月至翌年 2 月。原产中国和日本。校内常见栽培。

533. 茶　山茶科 (Theaceae)

Camellia sinensis **(L.) Kuntze**　　**tea**

常绿灌木。小枝具细柔毛。叶革质，椭圆形至长椭圆形，长 4~10cm，边缘具锯齿，上面深绿色。花 1~3 朵腋生或顶生，白色，直径 2.5~3.5cm；花梗下弯；苞片 2，早落；萼片 5~6，宿存；花瓣 5~8，近圆形，内凹，稍连生；雄蕊多数；子房有柔毛。蒴果近球形或三角状球形，直径 2~2.5cm。花期 10 月至翌年 2 月，果期翌年 8—11 月。原产中国，世界各地广泛栽培。校内见于实验桑地附近。

534. 毛枝连蕊茶　山茶科（Theaceae）

Camellia trichoclada **(Rehder) S.S.Chien**

灌木，高 1m，多分枝，嫩枝被长粗毛。叶革质，排成两列，细小椭圆形，叶发亮，中脉有残留短毛，下面黄褐色，无毛，边缘密生小锯齿。花顶生及腋生，无毛，苞片阔卵形；萼浅杯状，无毛，萼片 5 片，阔卵形，先端圆。蒴果圆形，直径 9~10mm，1 室，种子 1 个，2 爿裂开，果爿薄。分布于福建和浙江。校内见于湖心岛。本种与毛柄连蕊茶的差别在于灌木，高不到 1m，嫩枝上毛长度大于茎宽度。

535. 单体红山茶　山茶科（Theaceae）

Camellia uraku **Kitam.**

常绿灌木至小乔木，高 1.5~6m。树皮淡棕色。叶片常为长圆状椭圆形而中上部略宽，长 7~13cm，边缘通常反卷。花通常 1~2 朵着生于小枝最上部的叶腋，粉红色，直径 5~7.5cm，半开或漏斗状；苞片及萼片共 7~9；花瓣 5~7，基部连生；雄蕊 2~3 轮，外轮花丝连合成筒；子房密生绢状绒毛。蒴果球形。花期 12 月至翌年 4 月。原产日本，我国有栽培。校内见于宿舍区及西区庭院。

536. 木荷　山茶科（Theaceae）

Schima superba **Gardner et Champ.**

常绿乔木。树干挺直，高达 20m；树皮纵裂成不规则的长块。叶片厚革质，卵状椭圆形至长椭圆形，长 8~14cm。花白色，单生叶腋或数朵集生枝顶，直径约 3cm；苞片 2；萼片 5，宿存；花瓣 5，基部连合；雄蕊多数；子房密生丝状绒毛。蒴果近扁球形。花期 5—7 月，果期 9—11 月。分布于亚洲亚热带地区。校内见于松柏林。

537. 光亮山矾　山矾科（Symplocaceae）

Symplocos lucida **(Thunb.) Siebold et Zucc.**

常绿乔木。小枝粗壮，具明显的棱。叶互生；叶片革质，狭椭圆形，长 12~14cm。宽 3~5cm，边缘具圆齿状锯齿。穗状花序，基部有分枝。花萼 5 裂；花冠白色，长约 6mm，5 深裂；雄蕊 40~50 枚。核果长圆形。花期 3—4 月，果期 9—10 月。分布于东亚至东南亚。校内见于蒙民伟楼、实验桑园附近树林。

538. 秤锤树　安息香科（Styracaceae）

Sinojackia xylocarpa **Hu**

落叶小乔木，高达6m。叶互生；叶片椭圆形至椭圆状倒卵形，长3.5~11cm，无毛。聚伞花序腋生；花梗细长。花萼5~7深裂；花冠白色，5~7深裂，直径约1.5cm；雄蕊10~14枚。果木质，卵形，长2~2.5cm，具圆锥状的喙，形似秤锤。花期4月，果期8—10月。特产于我国江苏。校内见于湖心岛。

539. 中华猕猴桃（猕猴桃）　猕猴桃科（Actinidiaceae）

Actinidia chinensis **Planch.**　　**kiwifruit**

落叶大藤本。幼枝、花枝、叶柄均被绒毛，老枝秃净。叶倒阔卵圆形，背面密被绒毛。聚伞花序。花冠初放为白色，后变淡黄，清香；雄蕊极多，花药黄色。子房椭球形，被糙毛。果近卵球形，密被短绒毛，熟时黄褐色，几乎无毛。花期4—5月，果期8—9月。分布于我国南方地区。校内见于化学实验中心北侧。

540. 皋月杜鹃　杜鹃花科（Ericaceae）

Rhododendron indicum **(L.) Sweet**

半常绿灌木，高 1~2m。叶集生枝端，披针形，上面深绿色，下面苍白色，两面散生红褐色糙伏毛。花萼 5 裂，裂片椭圆状卵形或近圆形，被白色柔毛；花冠红色，裂片 5，椭圆形，具深红色斑点；雄蕊 5，不等长，花丝淡红色。花期 5—6 月。原产日本。校内见于大食堂、西区北侧树林林缘等处。

541. 锦绣杜鹃　杜鹃花科（Ericaceae）

Rhododendron pulchrum **Sweet**

半常绿灌木，高 1.5~2.5m。叶长圆状倒披针形，全缘，上面深绿色，下面淡绿色，被毛。伞形花序顶生。花萼大，绿色，5 深裂，裂片披针形，被糙伏毛；花冠紫红色，裂片 5，具深红色斑点；雄蕊 10，近等长。花期 4—5 月，果期 9—10 月。原产我国，各地多有栽培。校内常见栽培。本种与皋月杜鹃差别在于雄蕊 10，花期较早。

542. 杜仲　杜仲科（Eucommiaceae）

***Eucommia ulmoides* Oliv.　　Chinese rubber tree**

落叶乔木，高 4~10m。树皮灰褐色，内含橡胶，折断拉开有细丝。嫩枝初时被褐色柔毛，不久变秃净，老枝有明显的皮孔。叶片近椭圆形，初时被褐色柔毛，不久变秃净，老叶仅在脉上有毛。花生于枝基部，无花被。小坚果具翅。花期 4 月，果期 9—10 月。特产于我国黄河以南、五岭以北地区。校内见于宿舍区、西三和西四庭院、化学实验中心等处。

543. 花叶青木（洒金桃叶珊瑚）　丝缨花科（Garryaceae）

***Aucuba japonica* 'Variegata'　　variegated Japanese laurel**

青木的园艺品种。常绿灌木，高 1~2m。枝和叶均对生。叶片厚纸质至革质，椭圆形，边缘上段具 2~4 对疏锯齿或近于全缘；叶面上有大小不等的黄色斑块。圆锥花序顶生，单性花，花瓣紫红色至暗紫色，具苞片。果卵圆形，初为绿色，熟时为红色。花期 3—4 月，果期 11 月至次年 4 月。我国各地有栽培。校内见于东区庭院、湖心岛等处。

544. 四叶葎　茜草科（Rubiaceae）

Galium bungei **Steud.**

多年生丛生直立草本。茎有 4 棱，不分枝或稍分枝，常无毛或节上有微毛；叶纸质，4 片轮生。聚伞花序顶生和腋生，常 3 歧分枝，再形成圆锥状花序，花小，花冠黄绿色或白色，辐状。果爿近球状，通常双生；果柄纤细，常比果长。花期 4—9 月，果期 5 月至翌年 1 月。分布于东亚。校内见于金工实验中心附近路边。

545. 猪殃殃　茜草科（Rubiaceae）

Galium spurium **L.**　　**false cleavers**

草本。茎有 4 棱角，棱上、叶缘、叶脉上均有倒生的小刺毛。叶纸质，6~8 片轮生，带状倒披针形。聚伞花序腋生或顶生。花小，有纤细的花梗；花萼被钩毛；花冠黄绿色或白色，镊合状排列；子房被毛，花柱 2 裂至中部，柱头头状。果干燥。花期 3—7 月，果期 4—11 月。欧亚大陆和美洲广布。校内见于各路边、草丛，为常见杂草。

546. 栀子　茜草科（Rubiaceae）

***Gardenia jasminoides* J.Ellis**　　**Cape jasmine**

常绿灌木。小枝绿色。叶对生或 3 叶轮生，革质，长椭圆形，有时卵状披针形；托叶膜质，基部全成鞘。花单生于枝顶或叶腋，芳香；花冠白色，顶端 5 至多裂；花丝短，花药线形。果橙黄色至橙红色，通常卵形，有 5~8 纵棱。花期 5—7 月，果期 8—11 月。亚洲广布。校内常见栽培。

546a. 白蟾　茜草科（Rubiaceae）

***Gardenia jasminoides* var. *fortuneana* (Lindl.) H.Hara**

栀子的常见栽培变种。与原种的区别在于：花重瓣。

546b. 雀舌栀子　茜草科（Rubiaceae）

***Gardenia jasminoides* 'Radicans'**

栀子的园艺品种。其特点是：叶小狭长，倒披针形，有短柄，革质，色深绿，有光泽，托叶鞘状；花白色，重瓣，具浓郁芳香。花期4—6月。校内见于校友林东侧林缘、留学生公寓等处。

547. 白花蛇舌草　茜草科（Rubiaceae）

***Hedyotis diffusa* Willd.　　spreading hedyotis**

一年生草本。茎稍扁，从基部开始分枝。叶对生无柄，膜质，线形，顶端短尖。花4数，单生或双生于叶腋，花梗略粗壮，萼管球形，花冠白色管形。蒴果膜质，扁球形。种子具棱，干后深褐色。花季春季。分布于华南地区。校内见于启真湖边及丹青学园附近草坪中。

548. 鸡矢藤　茜草科（Rubiaceae）

Paederia foetida **L.**　　**stinkvine**

多年生缠绕藤本。叶对生，纸质，叶形变异很大，卵形；托叶三角形，早落。圆锥状聚伞花序顶生和腋生。萼筒陀螺形，萼檐5裂，裂片三角形；花冠筒钟形，浅紫色，内面被绒毛，顶端5裂。果实球形，熟时蜡黄色，平滑。花期7—8月，果期9—11月。分布于亚洲温带至热带地区。校内见于南华园湿地等处，为常见杂草。

549. 五星花　茜草科（Rubiaceae）

Pentas lanceolata **(Forssk.) Deflers**　　**Egyptian starcluster**

亚灌木，高30~70cm，被毛。叶卵形、椭圆形或披针状长圆形，长可达15cm，有时仅3cm，宽达5cm，有时不及1cm，顶端短尖，基部渐狭成短柄。聚伞花序密集，顶生；花无梗。花二型，花柱异长，长约2.5cm；花冠淡紫色，五瓣。花期夏秋。原产非洲，世界各地广泛栽培。校内见于花坛栽培。

550. 六月雪　茜草科(Rubiaceae)

Serissa japonica **(Thunb.) Thunb.　　snowrose**

小灌木。小枝灰白色,幼枝被短柔毛。叶片丛生,狭椭圆形,先端急尖,基部长楔形,全缘,具缘毛;叶柄极短;托叶基部宽,先端分裂成刺毛状。萼檐 4~6 裂,裂片三角形,长 1~1.5mm;花冠白色而带红紫色,长约 1~1.5cm,顶端 4~6 裂。果小,干燥。花期 5—6 月,果期 7—8 月。分布于亚洲亚热带地区。校内见于东区庭院。另有园艺品种"金边六月雪"栽培。

551. 灰莉　龙胆科(Gentianaceae)

Fagraea ceilanica **Thunb.**

灌木或乔木。树皮灰色,全株无毛;老枝上有凸起的叶痕和托叶痕。叶对生,全缘,稍肉质,光亮,叶面深绿色;侧脉不明显;叶卵圆形至长圆形,长 5~15cm,宽 2~6cm。花单生或成聚伞花序;花冠漏斗状,5 裂,覆瓦状排列,白色,芳香。果实近圆形,顶端有尖喙。花期 4—8 月,果期 7 月至翌年 3 月。原产我国南方至东南亚。校内见于生物实验中心、南华园等处盆栽及生命科学学院玻璃大厅。

552. 长春花　夹竹桃科(Apocynaceae)

***Catharanthus roseus* (L.) G.Don**　**Madagascar periwinkle**

多年生半灌木。茎红色，无毛。叶对生，倒卵长圆形。花单生于顶端或成对生于叶腋；花萼 5 深裂；花冠红色，高脚碟状，5 裂，裂片倒宽卵形，喉部具毛；雄蕊 5；心皮 2，子房分离。蓇葖果双生，直立。种子黑色，无毛。花期 4—10 月，果期 5—12 月。原产非洲。校内见于花坛栽培。

553. 夹竹桃　夹竹桃科(Apocynaceae)

***Nerium oleander* L.**　**oleander**

常绿大灌木，高 1.5~3m。枝灰绿色。叶常 3~4 枚轮生；叶片革质，线状披针形，边缘翻卷，侧脉密生，纤细而平行。聚伞花序顶生。花芳香；花冠深红或粉红色，漏斗状，裂片单瓣、半重瓣或重瓣，喉部有 5 片撕裂的副花冠；雄蕊 5，内藏；心皮 2，离生。蓇葖果双生。花期夏秋季。北半球广泛栽培和归化。校内常见栽培。另有园艺品种“白花夹竹桃”栽培，花冠白色。

554. 萝藦　夹竹桃科（Apocynaceae）

Metaplexis japonica **(Thunb.) Makino　　rough potato**

多年生草质藤本，具乳汁。叶膜质，卵状心形，背面粉绿色；叶柄顶端丛生腺体。总状聚伞花序具花 10~15 朵。花冠白色，有淡紫色斑纹，内面密被绒毛；雄蕊合生圆锥状，花粉块长圆形。蓇葖果双生，纺锤形。种子具白色绢质种毛。花期 7—8 月，果期 9—11 月。分布于东亚。校内见于农业实验基地附近。

555. 络石　夹竹桃科（Apocynaceae）

Trachelospermum jasminoides **(Lindl.) Lem.　　star jasmine**

常绿木质藤本，具乳汁。叶对生，革质，近椭圆形；叶柄短。聚伞花序腋生或顶生。花白色，芳香；花冠 5 裂，高脚碟状。蓇葖果双生，叉开成牛角状。种子具长毛。花期 4—6 月，果期 8—10 月。分布于东亚至南亚。校内见于西区庭院、南华园和园林中心外墙。另有'花叶'络石常作地被栽培。

556. 蔓长春花　夹竹桃科（Apocynaceae）

***Vinca major* L.　　greater periwinkle**

蔓生半灌木。茎偃卧，花茎直立。叶对生，膜质，卵形至宽卵形。花单生叶腋；花萼 5 深裂；花冠蓝紫色，漏斗状；心皮 2，离生。蓇葖果双生，直立。花期 3—4 月，果期 5—6 月。原产地中海地区。校内见于长兴林、西区庭院。

557. 柔弱斑种草　紫草科（Boraginaceae）

***Bothriospermum zeylanicum* Druce**

一年生草本。具短糙毛。叶互生，狭椭圆形或长圆状椭圆形。聚伞花序狭长；苞片叶状。花小，具短花梗；花萼 5，深裂；花冠淡蓝色，喉部具 5 附属物；子房 4 深裂，花柱内藏。小坚果 4，肾形。花期 4—5 月，果期 6—7 月。分布于亚洲。校内见于各路边、草丛及林下，为常见杂草。

558. 车前叶蓝蓟　紫草科(Boraginaceae)

***Echium plantagineum* L.**　　**purple viper's bugloss**

一年生植物，高 20~60cm。叶长可至 14cm，披针形，粗糙具毛。花紫色，长 15~20mm，长在穗状分枝上；花萼深 5 裂；花冠两侧对称；雄蕊 5，伸出花冠外；子房 4 裂。小坚果。花期春季至初夏。原产欧洲西部和南部、非洲北部、亚洲西南部，现世界各地有栽培或逸生。校内见于花坛栽培。

559. 附地菜　紫草科(Boraginaceae)

***Trigonotis peduncularis* (Trevir.) Steven ex Palib.**

一年生草本。茎细弱，具短糙毛，常丛生。叶片椭圆形至椭圆状卵形。聚伞花序顶生，似总状，长 5~20cm。花萼 5，深裂；花冠淡蓝色，5 裂，喉部黄色，有 5 附属物；子房 4 深裂。小坚果 4，四面体形。花果期 3—6 月。分布于亚洲和欧洲。校内见于各路边、草丛及林下，为常见杂草。本种与柔弱斑种草的差别在于花冠淡蓝色，喉部黄色。

560. 打碗花　旋花科（Convolvulaceae）

***Calystegia hederacea* Wall.**　**Japanese false bindweed**

一年生草本。全株不被毛。茎细长，平卧或缠绕，具细棱。基部的叶片长卵圆形，上部的叶片三角状戟形。花单生于叶腋；花冠淡紫色或淡红色，钟状，冠檐微裂；雄蕊生于花冠管基部；柱头 2 裂。花期 5—8 月，果期 8—10 月。分布于非洲和亚洲。校内见于各路边草丛、灌丛，为常见杂草。

561. 南方菟丝子　旋花科（Convolvulaceae）

***Cuscuta australis* R.Br.**　**Peruvian dodder**

一年生寄生草本。茎缠绕，金黄色，纤细，无叶。花序侧生，少花或多花簇生成小伞形或小团伞花序，总花序梗近无；苞片及小苞片均小，鳞片状；花梗稍粗壮：花萼杯状，基部连合；花冠乳白色或淡黄色，杯状，裂片卵形或长圆形，顶端圆，约与花管近等长，直立，宿存。蒴果扁球形，下半部为宿存花冠所包，成熟时不规则开裂。分布于亚洲、澳大利亚和欧洲。校内见于东七南侧的白车轴草草地中。

562. 金灯藤　旋花科（Convolvulaceae）

Cuscuta japonica **Choisy**　　**Japanese dodder**

一年生寄生缠绕草本。茎肉质，黄色，常带紫红色瘤状斑点，无叶。穗状花序。花萼碗状，肉质，5裂几达基部，背面常有紫红色瘤状突起；花冠钟状，淡红色或绿白色，顶端5浅裂；雄蕊5，雌蕊花柱细长。蒴果卵圆形。花期8月，果期9—10月。分布于东亚。校内见于化学实验中心附近的八角金盘上及松柏林的日本珊瑚树上。本种与南方菟丝子差别在于茎常常紫红色瘤状斑点。

563. 马蹄金　旋花科（Convolvulaceae）

Dichondra micrantha **Urb.**　　**Asian ponysfoot**

多年生小草本。茎细长，被柔毛，节上生根。叶肾形至圆形，先端钝圆或微缺，基部心形；叶被稀柔毛，全缘。花单生于叶腋，萼片5，倒卵状长圆形；花冠钟状，黄色，深5裂；雄蕊5，生于花冠裂片之间。花期4—5月，果期7—8月。世界热带至亚热带地区广布。校内见于各路边、草丛，为常见杂草。

564. 蕹菜（空心菜） 旋花科（Convolvulaceae）

Ipomoea aquatica **Forssk.** **water morning glory**

一年生草本。茎圆柱形，具节，节间中空，节上生根。叶形多样，椭圆状卵形、长三角状卵形或长卵状披针形。聚伞花序腋生，苞片小。萼片近等长；花冠白色或淡紫红色，漏斗状；雄蕊不等长，柱头2裂。种子密被柔毛或无。花果期8—10月。世界热带至亚热带地区广布。校内见于菜地种植。

565. 番薯（红薯） 旋花科（Convolvulaceae）

Ipomoea batatas **(L.) Lam.** **sweet potato**

一年生蔓生草本。具椭圆形或纺锤形的块状根。茎圆柱形或具棱，有节，节上生根。叶形多变，多为宽卵形，常3~5掌裂。花单生，或聚伞花序腋生；花冠白色至紫红色，钟状或漏斗状；苞片小，早落；柱头2裂。蒴果。花期9—10月。原产美洲热带地区。校内见于菜地种植。

566. 瘤梗番薯　旋花科(Convolvulaceae)

***Ipomoea lacunosa* L.**　　**whitestar**

一年生缠绕草本。叶宽卵状心形或心形，上面粗糙，下面光滑，全缘。花序腋生，花序梗无毛，具明显棱，具瘤状突起。花冠漏斗状，白色、淡红色或淡紫红色，雄蕊内藏，花丝基部有毛。蒴果近球形。花期 5—10 月，果期 8—11 月。原产美国，现我国东部广泛分布。校内见于各荒地，为外来入侵杂草。

567. 牵牛　旋花科(Convolvulaceae)

***Ipomoea nil* (L.) Roth**　　**Japanese morning glory**

一年生草本。缠绕茎圆柱状，被毛。叶互生，宽卵形；常 3 裂；叶基部心形。聚伞花序 1~3 朵花，苞片被毛。萼片 5 深裂，被毛；花冠白色至蓝紫色，漏斗状；雄蕊不等长，着生于冠筒内。蒴果近球形。花期 7—8 月，果期 9—11 月。原产南美洲，现世界各地广泛分布。校内见于生物实验中心等处。

568. 茑萝　旋花科（Convolvulaceae）

***Ipomoea quamoclit* L.**　　**cypressvine**

一年生草本。缠绕茎。叶片卵形或长圆形，羽状深裂至近中脉处，裂片线形。聚伞花序，具 1~3 朵花。花冠深红色，高脚碟状，花冠筒细，冠檐 5 裂；萼片长卵圆形，不等长；雄蕊 5，与花柱均外伸。花期 7—9 月，果期 8—10 月。原产热带美洲，现世界温带至热带地区广布。校内见于体育馆西南角树下栽培。

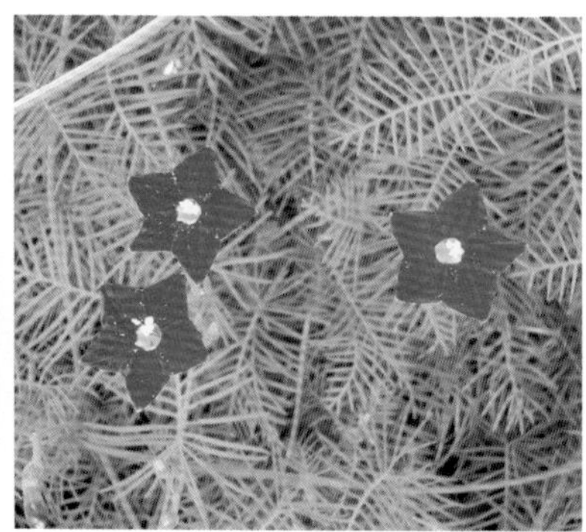

569. 三裂叶薯　旋花科（Convolvulaceae）

***Ipomoea triloba* L.**　　**littlebell**

一年生草本。茎缠绕或平卧，无毛或散生毛，且主要在节上。叶宽卵形至圆形。花序腋生；苞片小，披针状长圆形。萼片近相等或稍不等；花冠漏斗状，淡红色或淡紫红色，冠檐裂片短而钝；雄蕊内藏。蒴果近球形，被细刚毛。花期 5—10 月，果期 8—11 月。原产热带美洲，现世界泛热带地区广泛分布。校内见于各荒地，为外来入侵杂草。本种与瘤梗番薯的差别在于花冠淡紫红色，花药白色。

570. 辣椒　茄科 (Solanaceae)

***Capsicum annuum* L.**　　**cayenne pepper**

一年生草本。茎直立，高 0.4~1m，基部常木质化，上部多分枝。叶互生；叶片卵状披针形或长圆状披针形。花单生于叶腋或枝腋；花梗下垂；花萼杯状；花冠白色，辐状，多为 5 深裂。浆果长指状，少汁液，熟时红色。花果期 5—11 月。原产南美洲，世界各地广泛栽培。校内见于菜地种植。

570a. 朝天椒　茄科 (Solanaceae)

***Capsicum annuum* var. *conoides* (Mill.) Irish**

辣椒的变种。主要区别：浆果较原种小，圆锥形，与果梗等长或较短，常直立，味极辣。校内见于菜地种植。

571. 枸杞　茄科（Solanaceae）

Lycium chinense **Mill.　　wolfberry**

落叶灌木。茎高 1~2m，多分枝，枝条柔弱，常呈拱状下垂，幼枝具棱角。叶互生或 2~4 片簇生于短枝上；叶片卵形、长椭圆形至卵状披针形。花单生或 2 至数朵簇生；花萼钟状；花冠紫色，漏斗状，向外平展。浆果卵形或长椭圆状卵形，熟时鲜红色，味苦。花期 6—9 月，果期 7—11 月。分布于欧亚大陆。校内见于生命科学学院附近。

572. 番茄（西红柿）茄科（Solanaceae）

Lycopersicon esculentum **Mill.　　tomato**

一年生草本，全株具柔毛和腺毛，有强烈气味。茎直立，高 1~1.5m，基部木质化。羽状复叶或裂叶，小叶 7~9 对，大小不等。聚伞花序腋外生，花 5~10 朵；花梗下垂；花萼辐状，深裂；花冠黄色，辐状，5~7 裂；花药黏合成圆锥状。浆果扁球状或近球形，熟时常为橘黄色或鲜红色，光滑。花果期 4—10 月。原产南美洲，世界各地广泛栽培。校内见于菜地种植。

573. 花烟草　茄科（Solanaceae）

Nicotiana alata **Link et Otto　　flowering tobacco**

多年生草本。全株有腺毛。茎直立，高 30~40cm。叶互生；叶片卵状椭圆形至卵状披针形，基部近无柄或具耳。总状聚伞花序顶生。花萼钟状；花冠紫红色、黄色、淡黄绿色或白色，高脚碟状，长 6~7cm，5 裂，裂片卵形，稍不等大。蒴果。花果期 4—10 月。原产阿根廷和巴西。校内见于迪臣南路。

574. 碧冬茄（矮牵牛）　茄科（Solanaceae）

Petunia × atkinsiana **D. Don ex W.H. Baxter　　petunia**

园艺杂交种。一年生草本。全株有腺毛。茎直立或稍倾斜，高 25~50cm。茎下部的叶互生，上部的近对生；叶片卵形，两面又短毛。花单生于叶腋；花梗长 3~4cm；花萼 5 深裂；花冠白色、紫色、紫红色或杂色，漏斗状，5 钝裂。蒴果。花期 4—10 月。原产南美洲，世界各地广泛栽培。校内见于花坛栽培或室内盆栽。

575. 苦蘵　茄科（Solanaceae）

***Physalis angulata* L.　　balloon cherry**

一年生草本。全株具短柔毛。茎高 30~50cm，多分枝。叶互生；叶片宽卵形或卵状椭圆形。花单生于叶腋；花萼钟状；花冠淡黄色，喉部常有紫色斑点，钟状，5 浅裂。浆果球形，被膨大的宿萼所包围；宿萼卵球形，长约 2cm，薄纸质。花期 7—10 月，果期 9—11 月。原产美洲，现世界热带、亚热带地区广布。校内见于荒地及东区庭院。

576. 少花龙葵　茄科（Solanaceae）

***Solanum americanum* Mill.　　American black nightshade**

一年生草本。茎直立，高 30~60cm，多分枝。叶互生；叶片卵形或卵状椭圆形，两面无毛或疏生短柔毛。蝎尾状花序近伞形，腋外生，花 4~10 朵；花梗下垂；花萼小，浅杯状；花冠白色，辐状，5 深裂。浆果球形，直径 4~6mm，熟时黑色。花期 6—9 月，果期 7—11 月。世界热带至亚热带地区广布。校内见于各林下、路边及荒地，为外来入侵杂草。

577. 白英　茄科 (Solanaceae)

Solanum lyratum **Thunb.**

多年生草质藤本。茎高 0.5~1m，密被长柔毛。叶互生；叶片琴形或卵状披针形，基部多为戟形 3~5 深裂，两面均被白色长柔毛。聚伞花序顶生或腋外生。花萼杯状；花冠蓝紫色或白色，花冠筒藏于花萼内，顶端 5 深裂，裂片自基部向下反折。浆果球形，直径 7~8mm，熟时红色。花期 7—8 月，果期 10—11 月。分布于东亚。校内见于校友林林下及南华园湿地。

578. 茄子　茄科 (Solanaceae)

Solanum melongena **L.**　　**eggplant**

一年生草本。幼枝、叶、花梗、花萼及花冠均被星状毛。茎高 0.5~1m，基部稍木质化，嫩枝绿色或紫色。叶互生，叶片卵形至长椭圆状卵形。栽培者花常单生；花萼钟状；花冠紫色或白色，辐状，直径约 3cm；雄蕊 5，花药长约花丝的 3 倍。浆果形状、大小及颜色因品种而异，常见的为圆柱形或卵形，熟时深紫色。花果期 5—9 月。原产亚洲，世界各地广泛栽培。校内见于菜地种植。

579. 马铃薯（土豆） 茄科（Solanaceae）

***Solanum tuberosum* L.** **potato**

多年生草本。块茎扁球形或卵圆形。茎直立，高30~90cm。奇数羽状复叶，长18~20cm；小叶6~9枚，叶片卵形至长圆形，两面疏生柔毛。聚伞花序顶生，后侧生；花萼辐状；花冠白色或蓝紫色，辐状，5浅裂。浆果圆球形。花果期9—10月。原产南美洲，世界各地广泛栽培。校内见于菜地种植。

580. 连翘 木樨科（Oleaceae）

***Forsythia suspensa* (Thunb.) Vahl** **golden bell**

落叶灌木。小枝略呈四棱形，有皮孔，枝条中空与金钟花相区别。单叶对生，有时成三出复叶；叶片卵形，先端锐尖，基部楔形，叶缘具锐锯齿；上面深绿色，下面淡黄绿色，两面无毛。先花后叶，花通常单生或2至数朵着生于叶腋；花萼绿色，先端钝或锐尖，边缘具睫毛，与花冠管近等长，花冠黄色。果卵球形或长椭圆形，先端喙状渐尖。花期3—4月，果期7—9月。分布于中国和日本。校内见于湖心岛。

581. 金钟花　木樨科(Oleaceae)

Forsythia viridissima **Lindl.**　　**Chinese golden bell tree**

落叶灌木。小枝四棱形。单叶对生，叶片薄革质，卵状披针形，基部楔形，上半部具齿；叶脉上面凹入，下面凸起。花金黄色，1~3 朵簇生叶腋，先于叶开放；花萼 4 裂至中部，具睫毛；花冠深黄色，4 深裂；雄蕊 2。蒴果卵形。花期 3—4 月，果期 8—11 月。分布于我国南方地区。校内见于校友林、西区庭院等处。本种与连翘差别在于茎髓薄片状，花萼裂片与花冠筒近等长。

582. 探春花　木樨科(Oleaceae)

Jasminum floridum **Bunge**

半常绿直立或攀缘灌木。幼枝扭曲，四棱。叶互生，单叶或 3~5 出复叶，叶片和小叶片卵形，先端具小尖头，基部楔形或圆形，边缘具短睫毛。聚伞花序顶生；苞片锥形。花萼杯形，5 裂，具突起的肋；花冠黄色，6 裂，近漏斗状。浆果椭圆形或球形。花期 5—9 月，果期 9—10 月。分布于我国黄河流域地区。校内见于校医院、大操场。

583. 野迎春（云南黄素馨） 木樨科（Oleaceae）

Jasminum mesnyi **Hance** **primrose jasmine**

常绿蔓生灌木。枝 4 棱，无毛。叶对生，单叶或 3~5 出复叶，叶片和小叶片卵形至椭圆形，先端钝，具小尖头，基部楔形，全缘或具微锯齿。花单生叶腋；苞片叶状；花梗无毛。花萼钟形，顶端 6 或 7 裂；花冠黄色，半重瓣状。浆果椭圆形。花期 11 月至翌年 8 月，果期 3—5 月。分布于我国西南地区至越南。校内常见栽培。

584. 迎春花 木樨科（Oleaceae）

Jasminum nudiflorum **Lindl.** **winter jasmine**

落叶灌木。丛生，幼枝 4 棱形。叶对生，单叶或 3~5 出复叶，叶片和小叶片卵形至椭圆形，先端急尖或突尖，基部楔形，全缘，边缘具毛。花先叶开放，单生于去年枝叶腋；花梗短，具绿色苞片。花萼 5~6 裂，花冠黄色，常 6 裂；雄蕊 2，内藏。浆果椭圆形。原产我国西部地区，现世界各地广泛栽培。校内见于生物实验中心、西区庭院、行政楼等处。本种与野迎春的差别在于落叶，花与叶较小。

585. 浓香茉莉 木樨科(Oleaceae)

***Jasminum odoratissimum* L.**

常绿灌木，有时呈缠绕状。小枝有棱，无毛。羽状复叶，互生，小叶5~7，厚革质，卵形至椭圆状卵形，先端渐尖，基部楔形，叶边全缘下卷。花黄色，有香气，聚伞花序顶生；花萼裂片三角形。浆果近圆形。原产地中海地区和小亚细亚。校内见于长兴林南侧。本种与探春花的差别在于小叶5~7，花萼裂片短，雄蕊伸出花冠筒。

586. 日本女贞 木樨科(Oleaceae)

***Ligustrum japonicum* Thunb.　　Japanese privet**

常绿灌木，小枝具短粗毛。单叶对生，厚革质，卵形至宽卵形，先端钝尖,基部圆形,叶全缘稍内卷。圆锥花序顶生,具短梗。花萼杯形,无毛；花冠白色，顶端4裂；雄蕊2，着生花冠喉部；子房卵球形。浆果状核果。原产日本，我国有栽培。校内见于西区庭院等处，栽培者为园艺品种‘金森’女贞。

587. 女贞　木樨科（Oleaceae）

Ligustrum lucidum **W.T.Aiton**　**glossy privet**

常绿乔木或小乔木，常修剪成灌木状。单叶对生，革质，卵形至椭圆状卵形，先端渐尖或钝，基部宽楔形或近圆形，全缘。圆锥花序顶生，大型；花近无梗；花萼杯形；花冠白色，顶端4裂；雄蕊2，着生花冠喉部；雌蕊柱头2裂。浆果状核果，深蓝黑色。花期5—7月，果期7月至翌年5月。分布于我国南方地区。校内见于校友林、西区北侧树林和化学实验中心。

588. 小蜡　木樨科（Oleaceae）

Ligustrum sinense **Lour.**　**Chinese privet**

落叶灌木或小乔木。小枝圆柱形，幼时被淡黄色短柔毛或柔毛，老时近无毛。叶片纸质或薄革质，长2~7(~9)cm；先端锐尖、短渐尖至渐尖，或钝而微凹，基部宽楔形至近圆形，或为楔形，上面深绿色，下面淡绿色；叶柄长2~3cm，被短柔毛。圆锥花序顶生或腋生，塔形。果近球形。分布于中国和越南。校内常见栽培。

589. 金叶女贞　木樨科（Oleaceae）

***Ligustrum* × *vicaryi* Rehder**

为金边卵叶女贞（*L. ovalifolium* 'Aureum'）和欧洲女贞（*L. vulgare*）的杂交种。落叶灌木。叶片叶色金黄，较大叶女贞稍小，单叶对生，椭圆形或卵状椭圆形，长 2~5cm。总状花序。花白色。核果阔椭圆形，紫黑色。校内见于翠柏学园。

590. 木樨（桂花）　木樨科（Oleaceae）

***Osmanthus fragrans* Lour.　　sweet osmanthus**

常绿乔木或灌木。单叶对生，革质，椭圆形或披针形，先端渐尖，基部楔形，全缘或上半部具细锯齿。花簇生于叶腋或成聚伞花序；花梗细弱。花萼浅杯形，4 齿裂；花冠淡黄色，极芳香，4 深裂；雄蕊 2，着生于花冠管中部。核果椭圆形，紫黑色。花期 9—10 月上旬，果期翌年 3 月。原产我国西南部，各地广泛栽培。校内常见栽培。杭州市市花。

591. 香彩雀　车前科（Plantaginaceae）

***Angelonia angustifolia* Benth.**　**narrowleaf angelon**

一年生草本，高 40~60cm。全体被腺毛。叶对生或上部互生，无柄，披针形或条状披针形，具尖而向叶顶端弯曲的疏齿。花单生叶腋，花瓣唇形，上方四裂，花梗细长。花期 6—9 月。原产墨西哥和西印度群岛，世界各地广泛栽培。校内见于花坛栽培。

592. 金鱼草　车前科（Plantaginaceae）

***Antirrhinum majus* L.**　**snapdragon**

一年生草本，高 30~100cm。叶对生或上部的互生；叶片披针形或长圆状披针形；有短柄。总状花序顶生，密被腺毛。花萼 5 裂；花冠筒状，唇形，外有绒毛，花色多样，有红、紫、黄、白等。蒴果卵形，孔裂。花期 5—10 月。原产地中海地区，世界各地广泛栽培。校内见于花坛栽培。

593. 水马齿　车前科（Plantaginaceae）

Callitriche stagnalis **Scop.**　　**common water starwort**

一年生沼生或湿生草本，高 10~45cm。叶两性，浮水叶集生于茎顶，呈莲座状，叶片倒卵形或倒卵状匙形；茎生叶匙形或线形。花单性，同株，单生叶腋；雄花雄蕊 1，花丝细长，花药心形；雌花子房倒卵形。蒴果，仅上部边缘具翅。花果期 4—8 月。原产欧洲。校内见于西区水边。

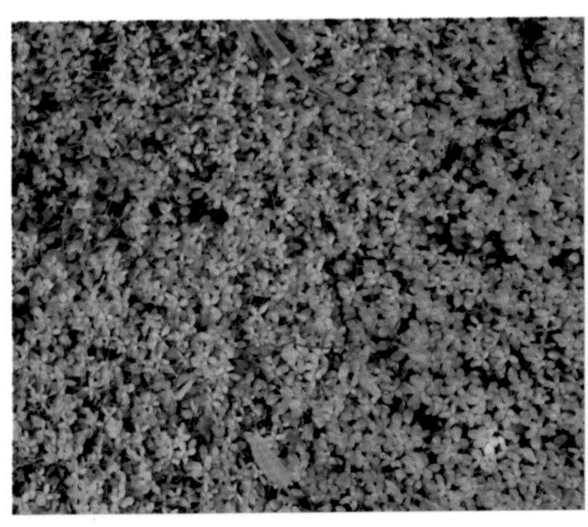

594. 毛地黄　车前科（Plantaginaceae）

Digitalis purpurea **L.**　　**common foxglove**

一年生或多年生草本。除花冠外全体被灰白色柔毛和腺毛。茎直立，高 60~120cm。叶互生，基生叶常莲座状，叶片卵形或长椭圆形。总状花序顶生。花萼钟形；花冠钟状偏扁，上唇紫红色，内部白色且带深红色斑点，下唇 3 裂；雄蕊二强。蒴果卵圆形。花果期 5—7 月。原产欧洲。校内见于花坛栽培。

595. 毛地黄钓钟柳　车前科（Plantaginaceae）

Penstemon laevigatus **subsp.** ***digitalis*** **(Nutt. ex Sims) R.W.Benn.　　foxglove beardtongue**

光钓钟柳的亚种。多年生草本。茎直立，高约60cm。基生叶莲座状；茎上的叶对生，长圆状披针形至倒披针形，绿色或带紫色；叶无柄，基部略耳状抱茎。顶生聚伞花序排列成圆锥状。花梗、萼片及花冠外面均密被腺毛；花萼5深裂；花冠钟状，唇形，白色或带紫色。蒴果。花期4—5月。原产美国东部，世界各地广泛栽培。校内见于迪臣南路栽培。

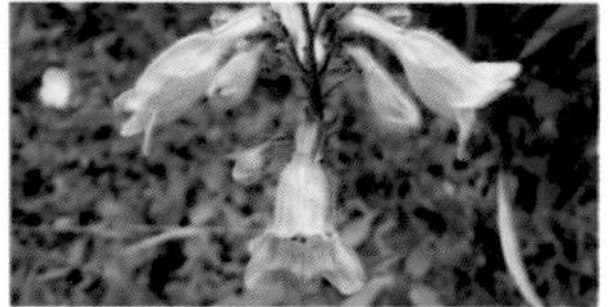

596. 车前　车前科（Plantaginaceae）

Plantago asiatica **L.　　Chinese plantain**

多年生草本。根状茎短而肥厚。叶基生，呈莲座状，有长柄，宽卵形至宽椭圆形，长4~12cm，全缘或中部以下有齿。穗状花序，花葶长5~30cm，有纵条纹；花具短梗。花小，绿白色。蒴果卵形，于基部上方周裂。种子椭圆形，黑褐色至黑色。花期4—8月，果期6—9月。分布于东亚至东南亚。校内见于白沙学院、校友林等处，为常见杂草。

597. 北美车前　车前科（Plantaginaceae）

***Plantago virginica* L.　　Virginia plantain**

二年生草本。根状茎粗短。叶基生呈莲座状，倒披针形至倒卵状披针形，边缘波状、疏生牙齿或近全缘。穗状花序细圆柱状，花葶长 4~20 cm，有纵条纹，中空。花两型，花冠淡黄色，雄蕊与花柱明显外伸。蒴果卵球形，于基部上方周裂。种子小，卵形或长卵形，黄褐色至红褐色，有光泽。花期 4—5 月，果期 5—6 月。原产北美洲，现归化于亚洲、欧洲。校内见于白沙学园、南华园等处。本种与车前的差别在于密被白色长柔毛。

598. 直立婆婆纳　车前科（Plantaginaceae）

***Veronica arvensis* L.　　corn speedwell**

一年生或二年生草本，高 10~20cm。茎直立或上升，不分枝或铺散分枝，有两列白色长柔毛。叶对生；叶片卵形至卵圆形，两面被硬毛。总状花序长而具多花，各部分被白色腺毛。花冠蓝紫色或蓝色，长约 2mm。蒴果倒心形，强烈侧扁，顶端凹口几乎为果长的 1/2。花果期 4—5 月。原产欧洲，现广布于北温带地区。校内见于各路边、荒地，为常见杂草。

599. 蚊母草　车前科(Plantaginaceae)

***Veronica peregrina* L.**　　**purslane speedwell**

一年生或二年生草本，高 10~20cm。茎通常自基部分枝；全株无毛或疏生柔毛。叶对生；茎下部叶片倒披针形，上部的长圆形。总状花序长，苞片与叶同形而略小；花梗极短。花冠白色或淡蓝色，长约 2mm。蒴果倒心形，明显侧扁；子房往往被虫寄生而膨大成桃形的虫瘿。花果期 4—7 月。原产美洲，现世界广布。校内见于各路边、荒地，为常见杂草。

600. 阿拉伯婆婆纳　车前科(Plantaginaceae)

***Veronica persica* Poir.**　　**birdeye speedwell**

一年生或二年生草本。茎高 10~25cm，自基部分枝，下部伏生地面，密生两列多节毛。叶在茎基部对生，上部互生；叶片卵形或卵状长圆形。总状花序长，苞片互生，叶状；花梗长于苞片。花冠蓝色，长 4~6mm。蒴果肾形，稍扁。花果期 2—5 月。原产欧亚，现世界广布。校内见于各路边、荒地，为常见杂草。本种与直立婆婆纳花梗长于叶状苞片。

601. 婆婆纳　车前科 (Plantaginaceae)

***Veronica polita* Fr.**　　**gray field speedwell**

一年生或二年生草本，全体被长柔毛。茎高 10~25cm，自基部分枝，下部伏生地面。叶在茎下部对生，上部互生；叶片心形至卵圆形。总状花序长，苞片呈叶状；花冠淡紫色、粉红色或白色，直径约 2mm。蒴果近肾形，稍扁。花果期 3—10 月。欧亚大陆广布。校内见于各路边、荒地，为常见杂草。本种与阿拉伯婆婆纳的差别在于花较小，常淡紫色。

602. 水苦荬　车前科 (Plantaginaceae)

***Veronica undulata* Wall.**　　**undulate speedwell**

一年生或二年生草本，稍肉质，无毛。茎直立，高 15~40cm，中空。叶对生；叶片长圆状披针形或披针形，长 3~8cm，基部称耳状微抱茎。花排列成疏散的总状花序。花冠白色、淡红色或淡蓝紫色，直径 5mm。蒴果圆形。花果期 4—6 月。我国各地广布。校内见于各林下、水边。

603. 泥花草　母草科（Linderniaceae）

Lindernia antipoda **(L.) Alston　　sparrow false pimpernel**

一年生草本。茎高 8~20cm，基部多分枝。叶片椭圆形、椭圆状披针形至几为线状披针形；叶柄宽短。花排成疏生的总状花序。花萼 5 深裂至基部；花冠淡红色，二唇形。蒴果线形，较花萼长 2~2.5 倍。花果期 8—10 月。分布于我国南方地区。校内见于启真湖边。

604. 母草　母草科（Linderniaceae）

Lindernia crustacea **(L.) F.Muell.　　Malaysian false pimpernel**

一年生草本。茎高 8~20cm，基部多分枝，常铺散。叶片三角状卵形或宽卵形；叶柄 1~8mm。花单生叶腋或排成极短的顶生总状花序。花萼 5 浅裂，具棱；花冠紫色，长约 5~7mm，二唇形。蒴果短于花萼或与花萼近等长。花果期 7—10 月。世界热带至亚热带地区广布。校内见于各路边、草地，为常见杂草。

605. 陌上菜　母草科(Linderniaceae)

Lindernia procumbens **(Krock.) Philcox　　prostrate false pimpernel**

一年生草本。根系发达。茎直立，高 5~20cm，基部多分枝。叶片椭圆形或倒卵状长圆形，全缘；基出脉 3~5 条；无柄。花单生叶腋；花梗长于叶片；花萼 5 深裂；花冠粉红色或淡紫色，二唇形，下唇远大于上唇。蒴果。花果期 7—10 月。

分布于欧亚大陆。校内见于各水边、潮湿处，为常见杂草。

606. 蓝猪耳（夏堇） 母草科(Linderniaceae)

Torenia fournieri **Linden ex E.Fourn.　　bluewings**

一年生草本，高 15~50cm。茎直立，具 4 窄棱。叶对生；叶片长卵形或卵形。常为总状花序。花萼绿色或顶部与边缘带紫红色，具多少下延的翅，萼齿 2；花冠筒白色，花冠裂片紫色或淡紫红色，中裂片中部有黄色斑点。蒴果。花期 6—12 月。原产越南，我国南方常见栽培。校内见于花坛栽培。

607. 芝麻　芝麻科（Pedaliaceae）

***Sesamum indicum* L.　　sesame**

一年生直立草本。茎中空或具白色髓部，微被毛。叶矩圆形或卵形，下部叶常掌状 3 裂，中部叶有齿缺，上部叶近全缘。花生于叶腋；花萼裂片披针形，被柔毛。花冠筒状，白色而常有紫红色或黄色的彩晕；雄蕊 4，内藏；子房上位，4 室。蒴果矩圆形。花期夏末秋初。原产印度，世界各地广泛栽培。校内见于荒地，为逸生，农医图书馆南侧曾有栽培。

608. 藿香　唇形科（Lamiaceae）

***Agastache rugosa* (Fisch. et C.A.Mey.) Kuntze　　Korean mint**

多年生草本，全株有强烈香味。茎粗壮直立，高 0.5~1m，四棱形。叶片心状卵形，边缘具粗齿，上面近无毛，下面脉上有柔毛，密生凹陷腺点。轮伞花序多花，密集成顶生的长 3~8cm的穗状花序。花冠淡紫红色或淡红色，上唇直伸，先端微缺，下唇 3 裂，中裂片较宽大。小坚果卵状长圆形。花期 8—10 月，果期 9—11 月。我国各地广布，亦常见栽培。校内有栽培。

609. 金疮小草　唇形科（Lamiaceae）

Ajuga decumbens **Thunb.**

一年生或二年生草本。茎基部分枝成丛生状，伏卧，上部上升，高10~20cm；基生叶少到多数；茎生叶数对，叶片匙形、倒卵状披针形，边缘具不整齐的波状圆齿。轮伞花序多花，腋生，排列成长5~12cm间断的假穗状花序；花冠白色带紫脉或紫色。小坚果长约2mm。花期4—6月，果期5—8月。分布于东亚。校内见于校友林。

610. 海州常山　唇形科（Lamiaceae）

Clerodendrum trichotomum **Thunb.**　　**harlequin glorybower**

落叶灌木或小乔木，高可达10m。老枝灰白色，具皮孔。叶互生，纸质，卵状椭圆形，长5~16cm，宽2~13cm。伞房状聚伞花序。花萼蕾时绿白色，后紫红色；花冠常白色；雄蕊4。核果近球形，包藏于增大的宿萼内，成熟时外果皮蓝紫色。花果期6—11月。分布于东亚。校内见于南华园湿地。

611. 风轮菜　唇形科（Lamiaceae）

Clinopodium chinense **(Benth.) Kuntze　　Chinese calamint**

多年生草本。茎基部匍匐生根，上部上升，多分枝，四棱形，具细条纹，密被短柔毛及腺微柔毛。叶卵圆形，不偏斜，基部圆形呈阔楔形，边缘具大小均匀的圆齿状锯齿，坚纸质。轮伞花序多花密集，半球状，花冠紫红色，冠筒伸出，子房无毛。小坚果倒卵形，黄褐色。花期5—8月，果期8—10月。分布于中国和日本。校内见于校友林林下。

612. 细风轮菜　唇形科（Lamiaceae）

Clinopodium gracile **(Benth.) Kuntze　　slender wild basil**

多年生纤细草本。叶片圆卵形或卵形，边缘具锯齿，上面近无毛，下面脉上疏生短毛。轮伞花序组成长4~11cm的顶生短总状花序。花萼管形，长约3mm，上唇3齿较短，三角形，下唇2齿较长，披针形，平伸，边缘均有睫毛；花冠粉红色或淡紫色。小坚果卵球形，长约0.7mm。花果期5—10月。分布于东亚至南亚。校内见于校友林等处林下，为常见杂草。本种与风轮菜的差别在于茎柔弱，花较小。

613. 活血丹　唇形科（Lamiaceae）

Glechoma longituba **(Nakai) Kuprian.**

多年生匍匐草本。茎细长柔弱，基部节上生根，高 10~20cm，四棱形。叶片心形或肾形，边缘具圆齿，上面疏生伏毛，下面常带紫色，有柔毛。轮伞花序通常 2 花。花萼管状，长 8~10mm，外面有长柔毛；花冠淡紫红色，下唇具深色斑点。小坚果长圆状卵形，长约 1.5mm。花期 4—5 月，果期 5—6 月。我国各地广布。校内见于校友林、西区北侧树林林下。

614. 宝盖草　唇形科（Lamiaceae）

Lamium amplexicaule **L.**　　**common henbit**

二年生小草本。茎高 10~30cm，基部多分枝，幼时有倒向短毛，后渐脱落。叶片圆形或肾形，长 1.2~2.5cm，边缘具深圆齿，两面有伏毛；下部叶有长柄，上部叶近无柄。轮伞花序具 6~10 花。花萼钟状，长 5~6mm；花冠紫红色至粉红色；小坚果倒卵形三棱形，长约 2mm，有白色疣状突起。花果期 4—5 月。欧亚大陆广布。校内见于杂草地。

615. 羽叶薰衣草　唇形科（Lamiaceae）

Lavandula pinnata **Lundmark　　fernleaf lavender**

常绿灌木，株高 30~40cm。叶对生，二回羽状复叶，小叶线形或披针形，灰绿色。轮伞花序，于枝顶聚集成穗状花序，花茎细高，花唇形，花蓝紫色。坚果。花期冬至春季、果期春至夏季。原产加纳利群岛，世界各地有栽培。校内见于花坛栽培。

616. 薄荷　唇形科（Lamiaceae）

Mentha canadensis **L.　　wild mint**

多年生草本。全株清气芳香。叶片长圆状披针形或卵状披针形，边缘在基部以上疏生牙齿状锯齿，两面疏生微柔毛和腺点。轮伞花序腋生，具多花。花萼管状钟形，长约 2.5mm，外面有微柔毛及腺点；花冠淡红色、青紫色或白色。小坚果卵形，黄褐色，具小腺窝。花果期 8—10 月。分布于北美洲、亚洲和澳大利亚。校内见于花坛栽培。

617. 石荠苎　唇形科(Lamiaceae)

Mosla scabra **(Thunb.) C.Y.Wu et H.W.Li**

一年生草本。茎高 20~100cm，多分枝，分枝纤细；茎、枝均四棱形，具细条纹，密被短柔毛。叶卵形或卵状披针形，纸质，上面榄绿色，被灰色微柔毛，下面灰白，密布凹陷腺点。总状花序生于主茎及侧枝上。花萼二唇形，上唇 3 齿呈卵状披针形，下唇 2 齿，线形；花冠粉红色。小坚果黄褐色，球形。花期 5—11 月，果期 9—11 月。分布于中国、日本和越南。校内见于南华园湿地及启真湖边。

618. 紫苏　唇形科(Lamiaceae)

Perilla frutescens **(L.) Britton　　shiso**

一年生草本。茎直立，高 0.5~1.5m，有长柔毛，棱及节上尤密。叶片宽卵形，边缘有粗锯齿，两面绿色或紫色，或仅下面紫色。轮伞花序 2 花，组成偏向一侧的总状花序。花萼钟形，萼檐二唇形，上唇宽大，下唇比上唇稍长，萼齿披针形；花冠白色、粉红色或紫红色；小坚果三棱状球形。花期 8—10 月，果期 9—11 月。分布于东亚。校内见于南华园湿地。

619. 彩叶草　唇形科（Lamiaceae）

Plectranthus scutellarioides **(L.) R.Br.　　common coleus**

多年生草本植物。全株有毛，茎为四棱，基部木质化。单叶对生，卵圆形，先端长渐尖，缘具钝齿牙，叶可长 15cm，叶面绿色，有淡黄、桃红、朱红、紫等色彩鲜艳的斑纹。顶生总状花序、花小、浅蓝色或浅紫色。小坚果平滑有光泽。原产东南亚，我国南方地区常见栽培。校内见于花坛栽培。

620. 蓝花鼠尾草　唇形科（Lamiaceae）

Salvia farinacea **Benth.　　mealycup sage**

多年生草本。植株丛生，高 30~60cm，茎四角柱状，有毛，下部略木质化。叶对生，长椭圆形，长 3~5cm，灰绿色，叶表有凹凸状织纹，且有折皱。长穗状花序，长约 12 cm。花小，紫色，花量大，香味浓郁刺鼻。花期夏季。原产北美洲。校内见于花坛栽培。

621. 荔枝草　唇形科(Lamiaceae)

Salvia plebeia **R.Br.**

草本。茎直立，高 15~90cm，粗壮，多分枝，被灰白色疏柔毛。叶片椭圆状披针形，边缘具锯齿，草质，上面被稀疏的微硬毛，下面被短疏柔毛，散布黄褐色腺点。轮伞花序，多数，在茎、枝顶端密集组成总状或总状圆锥花序，花序长 10~25cm。小坚果倒卵圆形。花期 4—5 月，果期 6—7 月。亚洲广布。校内见于水边及草地，为常见杂草。

622. 草地鼠尾草　唇形科(Lamiaceae)

Salvia pratensis **L.**　　**meadow sage**

多年生草本。茎直立，高 60~90cm，少分枝；全株被柔毛。基生叶多，具长柄，长圆状，先端钝，基部心形；茎生叶少，无柄，对生。总状花序，小花 6 朵轮生。萼片近无柄；花冠亮蓝色，偶有红色或白色，长 2.5cm。花期 6—7 月。原产欧洲，我国有栽培。校内见于南华园湿地路边栽培。

623. 一串红　唇形科（Lamiaceae）

Salvia splendens **Sellow ex Schult.　　scarlet sage**

半灌木状草本，高可达 90cm。茎钝四棱形，具浅槽，无毛。叶卵圆形或三角状卵圆形，边缘具锯齿，上面绿色，下面较淡，两面无毛，下面具腺点。轮伞花序 2~6 花，组成顶生总状花序，花序长达 20cm或以上。花冠红色，冠筒筒状，直伸，在喉部略增大，冠檐二唇形。小坚果椭圆形。花果期 5—10 月。原产巴西，我国广泛栽培。校内见于花坛栽培。

624. 假活血草　唇形科（Lamiaceae）

Scutellaria tuberifera **C.Y.Wu et C.Chen**

一年生草本。茎四棱形，通常密被平展的具节疏柔毛。茎下部的叶圆形、圆状卵圆形或肾形，草质，上面绿色，下面苍白色；茎中部及上部叶圆卵圆形、卵圆形或披针状卵圆形。花单生于茎中部以上或茎上部的叶腋内，初时直立，其后下垂；花冠淡紫或蓝紫色。小坚果黄褐色，卵球形,背面具瘤状突起。花期 3—4 月,果期 4 月。分布于华东地区及云南。校内见于南华园湿地竹林下。

625. 银香科科（银石蚕） 唇形科（Lamiaceae）

***Teucrium fruticans* L.** **shrubby germander**

常绿灌木，高可达 1.8m。全株被白色绒毛，以叶背和小枝为多；小枝四棱形。叶对生，卵圆形，长 1~2cm，宽约 1cm，叶面呈淡淡的蓝灰色。花冠唇形，淡紫色。花期 3—4 月。原产欧洲，世界各地有栽培。校内见于医学院花坛。

626. 通泉草 通泉草科（Mazaceae）

***Mazus pumilus* (Burm.f.) Steenis** **Japanese mazus**

一年生草本。茎直立或倾卧上升，高 3~30cm，通常无毛。基生叶莲座状或早落，叶片倒卵状匙形至卵状倒披针形；茎生叶对生或互生，与基生叶相似。总状花序顶生。花萼钟状；花冠白色和淡紫色，二唇形，下唇大。蒴果。花果期 4—10 月。分布于东亚。校内见于各草地或林缘，为常见杂草。

627. 兰考泡桐　泡桐科（Paulowniaceae）

Paulownia elongata **S.Y.Hu**

落叶乔木，树冠宽圆锥形，全体具星状绒毛。叶对生，叶片通常卵状心形，有时具不规则的角，下面密被无柄的树枝状毛。花序金字塔形或狭圆锥形，每个小聚伞花序常有花 3~5 朵；花萼倒圆锥形，萼齿裂至 1/3 左右；花冠漏斗状钟形，紫色至粉白色，外面有腺毛和星状毛，内面无毛而有紫色细小斑点，檐部略作 2 唇形。蒴果卵形，长 3.5~5cm，有星状绒毛，宿萼碟状；种子具翅。花期 4—5 月，果期秋季。分布于我国华北、华中及华东地区，多数栽培，河南有野生。校内曾栽培于遵义南路北侧，后因建筑改造而迁走。

628. 南方狸藻　狸藻科（Lentibulariaceae）

Utricularia australis **R.Br.**　　**bladderwort**

水生草本。假根 2~4，生于花序梗基部上方，丝状匍匐枝圆柱形，多分枝，无毛。捕虫囊多数，侧生于叶器裂片上。花序直立，梗圆柱形，苞片基部着生，多少圆形；无小苞片；花冠黄色；上唇卵形至圆形，雄蕊无毛；花丝线形，弯曲。蒴果球形，种子扁压，边缘具 6 角和细小的网状突起，褐色，无毛。花期 6—11 月，果期 7—12 月。分布于非洲、亚洲和欧洲。校内见于南华园湿地水域。

629. 水蓑衣　爵床科 (Acanthaceae)

Hygrophila ringens **(L.) R.Br. ex Spreng.**

草本。茎 4 棱形。叶近无柄，纸质，长椭圆形、披针形、线形，两端渐尖，先端钝，两面被白色长硬毛。花簇生于叶腋，无梗。花冠淡紫色或粉红色。蒴果，干时淡褐色，无毛。花期秋季。亚洲广布。校内见于启真湖边的水杉林下。

630. 爵床　爵床科 (Acanthaceae)

Justicia procumbens **L.**

一年生匍匐草本。叶椭圆形至椭圆状矩圆形，对生。穗状花序顶生或腋生。花冠淡红色或带紫红色，二唇形；雄蕊 2。蒴果线形，淡棕色，表面上部具有白色短柔毛。花期 8—11 月。亚洲和澳大利亚广布。校内见于各处林下、墙角处，为常见杂草。

631. 蓝花草　爵床科（Acanthaceae）

Ruellia brittoniana **Leonard　　Mexican bluebell**

常绿小灌木，株高30~100cm。茎方形，具沟槽。单叶对生，线状披针形，全缘或具疏锯齿。花腋生，花冠漏斗状，蓝紫色。蒴果，成熟时褐色。花期由春至秋，果期夏秋。原产中南美洲，我国有栽培。校内见于东区入口附近花坛。

632. 凌霄　紫葳科（Bignoniaceae）

Campsis grandiflora **(Thunb.) K.Schum.　　Chinese trumpet vine**

攀缘藤本。茎木质，表皮脱落，枯褐色，以气生根攀附于它物之上。叶对生，为奇数羽状复叶；小叶7~9枚，卵形至卵状披针形，顶端尾状渐尖，边缘有粗锯齿。顶生疏散的短圆锥花序。花萼钟状，分裂至中部，裂片披针形；花冠内面鲜红色，外面橙黄色，长约5cm，裂片半圆形。蒴果顶端钝。分布于东亚。校内见于东西区庭院。

633. 厚萼凌霄　紫葳科（Bignoniaceae）

Campsis radicans **(L.) Seem.　　trumpet vine**

藤本，具气生根。小叶 9~11 枚，椭圆形至卵状椭圆形，顶端尾状渐尖，基部楔形，边缘具齿，上面深绿色，下面淡绿色，被毛，至少沿中肋被短柔毛。花萼钟状，裂片齿卵状三角形，外向微卷，无凸起的纵肋。花冠筒细长，漏斗状，橙红色至鲜红色，筒部为花萼长的 3 倍。蒴果长圆柱形，顶端具喙尖，沿缝线具龙骨状突起，具柄，硬壳质。原产美洲，我国有栽培。校内见于生物实验中心南侧树林。本种与凌霄的差别在于花萼仅裂至 1/3 处。

634. 菜豆树　紫葳科（Bignoniaceae）

Radermachera sinica **(Hance) Hemsl.　　Asian bell tree**

小乔木。叶柄、叶轴、花序均无毛；2 回羽状复叶，稀为 3 回羽状复叶；小叶卵形至卵状披针形，顶端尾状渐尖；苞片线状披针形，早落。花冠钟状漏斗形，白色至淡黄色，圆形，具皱纹。蒴果细长，下垂，圆柱形，稍弯曲，多沟纹，渐尖，果皮薄革质；隔膜细圆柱形，微扁。种子椭圆形。花期 5—9 月，果期 10—12 月。分布于华南地区至南亚、东南亚。校内见于室内盆栽及生科院玻璃大厅。

635. 假连翘　马鞭草科（Verbenaceae）

Duranta erecta **L.**　　**golden dewdrop**

灌木。高约1.5~3m，枝条有皮刺。叶对生，卵状椭圆形，长2~6.5cm，宽1.5~3.5cm，有柔毛。总状花序排成圆锥状。花萼5裂，有5棱；花冠通常蓝紫色，5裂。核果球形，熟时红黄色，有增大宿存花萼包围。花果期5—10月。原产美洲，现世界各地广泛栽培或归化。校内见于花坛栽培。栽培者多为其花叶品种。

636. 马缨丹（五色梅）　马鞭草科（Verbenaceae）

Lantana camara **L.**　　**lantana**

灌木。茎枝呈四方形，通常有短而倒钩状刺。单叶对生，叶片卵形至卵状长圆形，长3~8cm，宽1.5~5cm。花冠黄色、橙黄色，开花后不久转为深红色。果圆球形，成熟时紫黑色。全年开花。原产热带美洲，现世界泛热带地区广泛分布。校内见于花坛栽培。

637. 美女樱　马鞭草科(Verbenaceae)

Verbena hybrida **Voss.**　　**glandularia hybrida Voss**

多年生草本，常作一年生栽培。茎四棱，被柔毛。叶对生，长卵圆形或披针状三角形，边缘具齿。穗状花序顶生，花序直径达 7~8cm，花冠漏斗状，5 裂，有白、粉、红、紫等色，中央有淡黄或白色小孔。花期 6—9 月。原产巴西、秘鲁、乌拉圭等热带美洲。现世界各地广泛栽培。校内见于花坛栽培。

638. 羽裂美女樱　马鞭草科(Verbenaceae)

Verbena bipinnatifida **Nutt.**　　**Dakota mock vervain**

多年生草本，常作一年生栽培。茎叶有细毛，枝叶呈匍匐型。叶对生，2 回羽状深裂，花顶生，密伞花序，花桃红色，中心浓红，小花密聚成团，花期春至秋季。原产美国和墨西哥，我国有栽培。校内见于花坛栽培。本种与美女樱的差别在于叶片羽状深裂。

639. 冬青　冬青科(Aquifoliaceae)

***Ilex chinensis* Sims　　Chinese holly**

常绿乔木。树皮灰黑色。叶片革质，有光泽，椭圆形或披针形，边缘具圆齿。花单性，雌雄异株，聚伞花序生于叶腋。雄花淡紫色或紫红色，4~5 基数，花瓣开放后反折，退化子房圆锥形；雌花败育，花药心形，子房卵球形。果长圆形，成熟为红色。花期 4—6 月，果期 11—12 月。分布于我国南方地区。校内见于东区。

640. 枸骨　冬青科(Aquifoliaceae)

***Ilex cornuta* Lindl. et Paxton　　horned holly**

常绿灌木或小乔木，高 1~3m。树皮灰白色，平滑。叶片厚革质，两型，四方状长圆形而具宽三角形，先端有硬针刺的齿 5~7 枚。花序簇生二年枝叶腋，雌雄异株。花小，黄绿色，4 基数。果球形，红色，直径 8~10mm。花期 4—5 月，果期 9 月。分布于中国和朝鲜。校内常见栽培。

641. 龟甲冬青　冬青科 (Aquifoliaceae)

Ilex crenata **'Convexa'**　　**Japanese holly**

齿叶冬青的园艺品种。常绿小灌木，小枝具灰色细毛。叶厚革质，小而密，倒卵形至椭圆形，有光泽，具微齿。花绿白色，4 基数。果球形，成熟为黑色。花期 5—6 月，果期 8—10 月。校内见于校友林、西区北侧树林林缘。

642. 大叶冬青　冬青科 (Aquifoliaceae)

Ilex latifolia **Thunb.**　　**Tarajo holly**

常绿大乔木。分枝粗壮，全体无毛。叶厚革质，长圆形或卵状长圆形，常 8~28cm，叶面深绿色，具光泽，叶背淡绿色，边缘具疏锯齿。圆锥状花序簇生叶腋。花小，淡绿色，4 基数。果球形，红色，外果皮厚，盘状柱头宿存。花期 4—5 月，果期 6—11 月。分布于中国和日本。校内见于校友林、东区庭院、湖心岛。

643. 半边莲　桔梗科（Campanulaceae）

Lobelia chinensis **Lour.**　**Chinese lobelia**

多年生草本。匍匐茎节上常生根。叶互生,叶片长圆状披针形至条形。花小，两侧对称；萼筒长锥状；花冠粉红色，5 裂，偏向一侧；雄蕊 5，花药聚合为管状。蒴果倒圆锥形。花果期 4—5 月。分布于东亚。校内见于启真湖边。

644. 异檐花　桔梗科（Campanulaceae）

Triodanis perfoliata **subsp.** ***biflora*** **(Ruiz et Pav.) Lammers**　**small Venus' looking-glass**

穿叶异檐花的亚种。一年生草本。茎常直立，高 30~45cm。叶互生，卵形，具圆齿。花 1~3 朵成簇，腋生或顶生。萼筒圆柱形；花冠蓝紫色；雄蕊 5~6；子房下位，2 室。蒴果近圆柱形。花期 4—7 月。原产美洲，现归化于亚洲和澳大利亚。校内见于草坪上，为外来入侵杂草。

645. 蓝花参　桔梗科 (Campanulaceae)

Wahlenbergia marginata **(Thunb.) A.DC.　　southern rockbell**

多年生草本，具白色乳汁。叶互生，常在茎下部密集，匙形至椭圆形。花梗极长，可达 15cm。花小，辐射对称；花冠钟状，蓝色，5 裂。蒴果陀螺形。花果期 2—5 月。分布于亚洲热带至亚热带地区。校内偶见于基础图书馆南侧草坪。

646. 藿香蓟　菊科 (Asteraceae)

Ageratum conyzoides **(L.) L.　　bastard agrimony**

一年生草本，高 50~100cm，有时矮生。茎粗壮，淡红色，顶端绿色，被白色毛。叶对生，中部叶卵圆形，基部钝或宽楔形，顶端急尖。叶三出基脉，有圆锯齿，被稀疏短柔毛。头状花序多个排列成伞房状花序。花淡紫色，花冠长 1.5~2.5mm，檐部五裂。花果期全年。原产中南美洲，现归化于非洲和亚洲。校内见于生科院南侧林下。

647. 熊耳草　菊科（Asteraceae）

***Ageratum houstonianum* Mill.　　Mexican paintbrush**

一年生草本，茎直立，淡红色顶端绿色，被白毛。叶对生，叶基心形或截形，顶端多圆形，三出基脉，边缘有圆锯齿，常被稠密白色短柔毛。头状花序多个排列成伞房状花序。花淡紫色，花冠长 2.5~3.5mm，檐部五裂。花果期全年。原产墨西哥及毗邻地区，现归化于非洲、亚洲和欧洲。校内见于花坛栽培。本种与藿香蓟的差别在于叶片基部心形或截形，头状花序较大。

648. 金球菊　菊科（Asteraceae）

***Ajania pacifica* (Nakai) K.Bremer et Humphries　　Pacific chrysanthemum**

多年生草本，高 10~25cm。叶倒卵形至长椭圆形，先端钝，叶缘有灰白色钝锯齿，叶面银绿色。头状花序顶生，花序呈球形，金黄色。原产日本。校内见于迪臣南路。

649. 木茼蒿　菊科 (Asteraceae)

***Argyranthemum frutescens* (L.) Sch.Bip.　　Canary marguerite**

灌木。枝条大部木质化；叶宽卵形、椭圆形或长椭圆形，二回羽状分裂。一回为深裂或几全裂，二回为浅裂或半裂。一回侧裂片 2~5 对；二回侧裂片线形或披针形，两面无毛。叶柄长 1.5~4cm，有狭翼。头状花序多数，在枝端排成不规则的伞房花序，有长花梗。全部苞片边缘白色宽膜质，内层总苞片顶端膜质扩大几成附片状。花果期 2—10 月。原产加那利群岛，我国有栽培。校内见于花坛栽培。

650. 黄花蒿　菊科 (Asteraceae)

***Artemisia annua* L.　　sweet wormwood**

一年生草本，植株浓烈的挥发性香气。茎直立，单生，幼时绿色，后变褐色或红褐色。叶纸质，数回栉齿状的羽状深裂。头状花序球形，在分枝上排成总状或复总状花序。花深黄色。瘦果小，椭圆状卵形。花果期 8—11 月。分布于亚洲和欧洲。校内见于荒地。

651. 艾　菊科（Asteraceae）

Artemisia argyi **H.Lév. et Vaniot**　　**Chinese mugwort**

多年生草本，植株有浓烈香气。茎有纵棱，褐色或灰黄色。茎枝被灰色蛛丝状柔毛。叶厚纸质，羽状深裂，两面皆被毛。基生叶具柄，花期枯萎。头状花序椭圆形，数枚组成穗状或复穗状花序，花冠紫色。花果期 7—10 月。分布于于东亚及东南亚。校园内见于大西区。校内见于校友林林下及荒地。

652. 三脉紫菀　菊科（Asteraceae）

Aster ageratoides **Turcz.**

多年生草本，茎直立。叶纸质椭圆形，边缘深裂，有离基三出脉，下部叶花期枯落。头状花序 2cm左右，排列成伞房状。舌状花紫色、浅红或白色，管状花黄色。瘦果倒卵状长圆形，灰褐色。花果期 7—12 月。分布于东亚至东北亚。校内见于南华园湿地西侧竹林下。

653. 钻形紫菀　菊科（Asteraceae）

Aster subulatus **(Michx.) Hort. ex Michx.　　eastern annual saltmarsh aster**

一年生草本，高25~80cm。叶互生，基生叶倒披针形；茎生叶线状披针形，全缘。头状花序小，顶生；总苞钟状，总苞片3~4。舌状花细而狭，淡紫红色；管状花多数。瘦果长圆形或椭圆形，冠毛褐色。花果期9—11月。世界广布。校内见于体育馆附近荒地。

654. 雏菊　菊科（Asteraceae）

Bellis perennis **L.　　common daisy**

草本，高10cm。叶基生，匙形，边缘有疏钝齿或波状齿。头状花序单生，直径2.5~3.5cm，总苞半球形或宽钟形，总苞片近2层。边缘为一层舌状花，雌性，舌片白色或带红色；管状花多数，两性。瘦果倒卵形，无冠毛。花期3—6月。原产欧洲，世界各地广泛栽培。校内见于花坛栽培。

655. 大狼把草　菊科（Asteraceae）

Bidens frondosa **L.**　　**devil's beggartick**

一年生草本，高 20~120cm。叶对生，一回羽状复叶，小叶 3~5 枚，披针形，长 3~10cm，边缘有粗锯齿。头状花序，连同总苞片直径 1.2~2.5cm，总苞钟状或半球形，外层苞片叶状，5~10 枚，披针形或匙状倒披针形；内层苞片膜质，长 5~9mm，具淡黄色边缘。无舌状花；筒状花两性。瘦果扁平，长 5~10mm。原产北美洲，现归化于亚洲和欧洲。校内见于启真湖边及体育馆附近荒地。

656. 金盏菊　菊科（Asteraceae）

Calendula officinalis **L.**　　**common marigold**

一年生草本，高 20~75cm。单叶，互生，椭圆形至椭圆状倒卵形，全缘或具疏锯齿，基部抱茎。头状花序单生茎枝端，直径 4~5cm，总苞片 1~2 层。舌状花一轮或多轮，舌片黄或橙黄色；管状花多数。瘦果淡黄色或淡褐色。花期 4—9 月，果期 6—10 月。原产欧洲，现世界各地常见栽培。校内见于花坛栽培。

657. 天名精　菊科 (Asteraceae)

Carpesium abrotanoides **L.**

多年生粗壮草本。茎圆柱状，下部木质，上部密被毛。叶长椭圆形或广椭圆形，下部叶具柄。头状花序多数，生茎端及叶腋，成穗状花序排列。花淡黄色，花冠檐 5 齿裂，有钟球形总苞包被。瘦果长约 3.5mm。分布于亚洲和欧洲。校内见于南华园湿地。

658. 石胡荽　菊科 (Asteraceae)

Centipeda minima **(L.) A.Braun et Asch.**　　**spreading sneezeweed**

一年生小草本，高 5~20cm，匍匐状。叶互生，楔状倒披针形，长 7~18mm，稍具锯齿。头状花序小，扁球形，直径约 3mm，单生于叶腋，无花序梗或极短；总苞半球形；总苞片 2 层。边缘花雌性，淡绿黄色；盘花两性，淡紫红色。花果期 6—10 月。分布于东亚、东南亚和澳大利亚。校内见于各草坪。

659. 野菊　菊科（Asteraceae）

***Chrysanthemum indicum* L.**　**Indian chrysanthemum**

多年生草本，高 0.25~1m。茎多分枝，被毛。叶互生，卵形、长卵形或椭圆状卵形，羽状半裂或浅裂。头状花序直径 1.5~2.5cm，多排成伞房花序；总苞片约 5 层。舌状花雌性，黄色；管状花两性。花期 6—11 月。分布于东亚。校内见于生命科学学院附近。

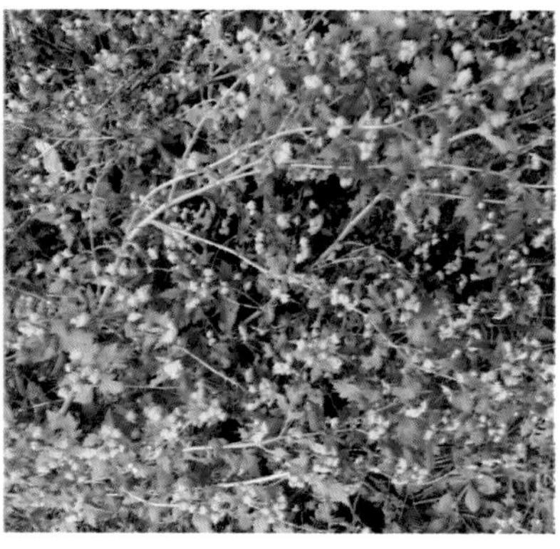

660. 菊花　菊科（Asteraceae）

***Chrysanthemum* × *morifolium* (Ramat.) Hemsl.**　**florist's daisy**

园艺杂交种。多年生草本，高 60~150cm。茎直立，被柔毛，基部有时木质化。叶卵形至披针形，长 5~15cm，羽状浅裂或半裂，有短柄，叶下面被白色短柔毛。头状花序直径 2.5~20cm；总苞片多层，外层外面被柔毛。舌状花颜色各种；管状花黄色。瘦果不发育。原产我国，世界各地广泛栽培。校内见于花坛栽培。

661. 刺儿菜　菊科 (Asteraceae)

***Cirsium arvense* (L.) Scop.　　creeping thistle**

多年生草本，高 30~80cm。叶椭圆或椭圆状披针形，基部楔形或圆形，全缘或有齿裂。头状花序单生茎端，或排成伞房花序，总苞片多层。管状花紫红色或白色。瘦果淡黄色；冠毛白色，羽状。花果期 5—9 月。分布于亚洲和欧洲。校内见于校医院南侧林下。

662. 黄晶菊　菊科 (Asteraceae)

***Coleostephus multicaulis* (Desf.) Durieu**

二年生草本，株高 15~20cm。茎具半匍匐性。叶互生，肉质，长条匙状，羽状裂或深裂。头状花序顶生、盘状，边缘为扁平舌状花，中央为筒状花。花金黄色。花期冬末至初夏，果期 5 月。原产阿尔及利亚，我国有栽培。校内见于花坛栽培。

663. 大花金鸡菊　菊科（Asteraceae）

Coreopsis grandiflora **Hogg ex Sweet　large-flowered tickseed**

多年生草本，高 20~100cm。茎直立，下部常有稀疏的糙毛。叶对生；基部叶有长柄、披针形或匙形；下部叶羽状全裂；中部及上部叶 3~5 深裂。头状花序单生于枝端，直径 4~5cm。舌状花 6~10 个，舌片黄色；管状两性。瘦果广椭圆形或近圆形。花期 5—9 月。原产北美洲，我国各地有栽培或逸生。校内见于迪臣中路、农生环组团。

664. 两色金鸡菊　菊科（Asteraceae）

Coreopsis tinctoria **Nutt.　golden tickseed**

一年生草本，高 30~100cm。茎直立，无毛。叶对生，下部及中部叶有长柄，二次羽状全裂，全缘；上部叶无柄或下延成翅状柄，线形。头状花序，花序梗细长，排列成伞房或疏圆锥花序状。舌状花黄色；管状花红褐色。瘦果长圆形或纺锤形。花期 5—9 月，果期 8—10 月。原产北美洲，我国各地有栽培。校内见于南华园湿地路边栽培。

665. 秋英（波斯菊） 菊科（Asteraceae）

Cosmos bipinnatus **Cav.** **garden cosmos**

一年生或多年生草本，高 1~2m。叶二次羽状深裂，裂片线形或丝状线形。头状花序单生，直径 3~6cm；总苞片外层披针形或线状披针形。舌状花紫红色，粉红色或白色；管状花黄色；花柱具短突尖的附器。瘦果黑紫色，上端具长喙，有 2~3 尖刺。花期 6—8 月，果期 9—10 月。原产墨西哥，我国各地有栽培或逸生。校内见于东区入口处。

666. 黄秋英 菊科（Asteraceae）

Cosmos sulphureus **Cav.** **yellow cosmos**

一年生草本，高 1~2m。茎被柔毛。叶薄纸质，2~3 回羽状深裂。头状花序，直径 2.5~4.5cm；总苞披针形或卵状披针形。外围花舌状，橘黄色或金黄色，常 2 层，顶端 2~4 浅齿；盘花管状，黄色，顶端 5 浅齿。瘦果纺锤形，被短毛。花果期 7—10 月。原产墨西哥，我国有栽培。校内常见栽培。

667. 野茼蒿　菊科（Asteraceae）

***Crassocephalum crepidioides* (Benth.) S.Moore　　thickhead**

直立草本，高 20~120cm。叶互生，椭圆形或长圆状椭圆形，长 7~12cm，具不规则锯齿或重锯齿，有时基部羽状裂。头状花序，直径约 2cm；总苞钟状，总苞片 1 层。全为管状花，两性，粉红色。瘦果狭圆柱形，赤红色，冠毛白色。花期 7—12 月。原产非洲，现世界泛热带地区广泛分布。校内见于各荒地及林缘，为常见杂草。

668. 尖裂假还阳参　菊科（Asteraceae）

***Crepidiastrum sonchifolium* (Maxim.) Pak et Kawano**

多年生草本，茎单生。基生叶莲座状，叶椭圆形、匙形或倒披针形，羽状浅裂或半裂，顶端渐尖，向基部心形或耳状抱茎，两面无毛。头状花序成伞房花序或伞房圆锥花序排列，含舌状小花 17 枚，黄色。瘦果黑色，纺锤形。花果期 3—5 月。分布于东亚至东北亚。校内见于南华园南侧竹林下。

669. 松果菊　菊科(Asteraceae)

Echinacea purpurea **(L.) Moench**　　**purple coneflower**

多年生草本，高50~150cm，全株具粗毛。茎直立。基生叶卵形或三角形，茎生叶卵状披针形，叶柄基部稍抱茎。头状花序单生于枝顶，或数多聚生，直径约10cm。舌状花紫红色，管状花橙黄色。花期6—7月。原产南美洲东部。校内见于迪臣南路。

670. 鳢肠　菊科(Asteraceae)

Eclipta prostrata **(L.) L.**　　**false daisy**

一年生草本，高60cm。叶对生，长圆状披针形或披针形，长3~10cm，具细锯齿或波状锯齿，两面被糙毛。头状花序直径约8mm；总苞球状钟形，总苞2层。外围2层舌状雌花，白色；中央多管状两性花，花冠4裂。瘦果暗褐色，无毛。花期6—9月。原产美洲，现世界广布。校内见于各处水边，为外来入侵杂草。

671. 一年蓬　菊科（Asteraceae）

Erigeron annuus **(L.) Pers.　　eastern daisy fleabane**

一年生或二年生草本，直立。基部叶长圆形或宽卵形，具粗齿；中部和上部叶长圆状披针形或披针形较小，长 1~9cm。头状花序直径约 1.5cm；总苞半球形，总苞片 3 层。外围雌花舌状，2 层，舌片白色或淡蓝色；中央两性花管状，黄色。瘦果披针形。花期 6—9 月。原产北美洲，现世界广布。校内见于白沙学园南侧、校友林、松柏林等处，为外来入侵杂草。

672. 小蓬草　菊科（Asteraceae）

Erigeron canadensis **L.　　Canadian horseweed**

一年生草本，高 30~100cm。下部叶倒披针形；中部叶和上部叶线状披针形或线性，较小。头状花序，直径 3~4mm，排成圆锥花序或伞房圆锥状花序；总苞半球形；总苞片 2~3 层。外围花舌状，白色，舌片顶端具 2 个钝齿；盘花管状，黄色，顶端具 4~5 齿。瘦果线状披针形；冠毛污白色。花果期 5—10 月。原产北美洲，现归化于我国各地。校内见于体育馆附近荒地，为外来入侵杂草。

673. 春飞蓬　菊科（Asteraceae）

Erigeron philadelphicus **L.**　　**Philadelphia fleabane**

一年生或多年生草本，高 30~90cm。叶互生，基生叶莲座状，卵形或卵状倒披针形，长 5~12cm，具粗齿；中上部叶披针形或条状线形，长 3~6cm，边缘有疏齿，被硬毛。头状花序，直径约 1~1.5cm，排成伞房或圆锥状花序；总苞半球形，总苞片 3 层。外围花舌状，2 层，雌性，舌片线形，白色略带粉红色；管状花两性，黄色。瘦果披针形。花期 3—5 月。原产北美洲，现归化于欧洲和亚洲。校内见于白沙学园南侧、校友林、松柏林等处，为外来入侵杂草。本种与一年蓬的差别在于茎生叶半抱茎，花期常早于一年蓬。

674. 黄金菊　菊科（Asteraceae）

Euryops chrysanthemoides × speciosissimus　　**golden daisy bush**

为浅齿常绿千里光（*E. chrysanthemoides*）和细叶常绿千里光（*E. speciosissimus*）的杂交种。一年或多年生草本，高 30~60cm。茎直立，被长毛。根生叶匙状长圆形；茎生叶互生，长圆形或椭圆形，抱茎，有齿。头状花序单生于茎顶，金黄色；总苞钟形，总苞片长圆状披针形。小花全为舌状花，舌片先端 5 齿裂。瘦果线状，有纵肋，冠毛灰白色。校内见于花坛栽培。

675. 大吴风草　菊科（Asteraceae）

***Farfugium japonicum* (L.f.) Kitam.**　**leopard plant**

多年生葶状草本，根茎粗壮，花葶高达70cm，被毛。叶肾形，全缘至掌状浅裂，基生成莲座状，有长叶柄抱茎。头状花序辐射状，2~7，排列成伞房花序。花黄色，有舌状花8~12枚。瘦果圆柱形，有纵肋。花果期8月至翌年3月。分布于中国和日本。校内见于李摩西楼北侧及湖心岛。

676. 宿根天人菊　菊科（Asteraceae）

***Gaillardia aristata* Pursh.**　**blanketflower**

多年生草本，全株被毛。基生叶及下部叶长圆形，全缘或羽状裂，有长叶柄。中部叶披针形，基部无柄或心形抱茎。头状花序5~7cm。舌状花黄色，管状花裂片三角形，顶端芒状渐尖。花期7—8月。原产北美洲，我国有栽培。校内见于花坛栽培。

677. 粗毛牛膝菊（睫毛牛膝菊） 菊科（Asteraceae）

Galinsoga quadriradiata **Ruiz et Pav.** **shaggy soldier**

一年生草本，须根发达。叶对生，卵形，叶缘波状。上部叶较小，披针形，近全缘。头状花序有花梗，舌状花5个，白色，管状花黄色，两性。瘦果长1~1.5mm，黑褐色。花果期2—11月。原产墨西哥，现归化于亚洲、南北美洲和欧洲。校内见于各处林下和草地，为常见杂草。

678. 勋章菊 菊科（Asteraceae）

Gazania rigens **Moench** **variegated treasure flower**

多年生宿根草本植物，叶丛生，披针形、倒卵状披针形或扁线形，全缘或有浅羽裂，叶背密被白绵毛。花直径7~8cm，舌状花白、黄、橙红色，有光泽。花期4—5月。原产南非和莫桑比克，世界各地广泛栽培。校内见于花坛栽培。

679. 非洲菊　菊科（Asteraceae）

Gerbera jamesonii **Bolus ex Hook.f.**　　**Barberton daisy**

多年生草本。叶基生，莲座状，叶片长椭圆形至长圆形，长10~14cm，边缘不规则羽状浅裂或深裂。头状花序；总苞钟形，总苞片2层。外围舌状雌花2层，舌片淡红色、紫红色、白色或黄色，长2.5~3.5cm；中央花朵两性。瘦果圆柱形，密被白色短柔毛。花期11月至翌年4月。原产非洲，我国有栽培。校内见于花坛栽培。

680. 南茼蒿　菊科（Asteraceae）

Glebionis segetum **(L.) Fourr.**　　**corn marigold**

一年生草本，高20~60cm。叶椭圆形、倒卵状披针形或倒卵状椭圆形，具不规则的大锯齿，长4~6cm，基部楔形，无柄。头状花序；总苞直径1~2cm。舌状花舌片长1.5cm。舌状花瘦果有2条具狭翅的侧肋，间肋不明显，每面3~6条，贴近。管状花瘦果的肋约10条，等形等距，椭圆状。花果期3—6月。原产地中海东部，我国南方地区有栽培。校内见于菜地栽培。

681. 匙叶鼠麴草　菊科(Asteraceae)

Gnaphalium pensylvanicum **Willd.**　　**Pennsylvania everlasting**

一年生草本。茎直立或斜升，基部斜倾分枝或不分枝，有沟纹，被白色棉毛。下部叶无柄，中部叶倒卵状长圆形或匙状长圆形，顶端钝、圆或中脉延伸呈刺尖状；上部叶小，与中部叶同形。头状花序多数，数个成束簇生，再排列成顶生或腋生、紧密的穗状花序；花托干时除四周边缘外几完全凹入,无毛。雌花多数,两性花少数，花冠管状，无毛。瘦果长圆形，有乳头状突起。花期 12 月至翌年 5 月。世界广布。校内见于砖石路缝中、足球场附近草坪等处。

682. 多茎鼠麴草　菊科(Asteraceae)

Gnaphalium polycaulon **Pers.**　　**many stem cudweed**

一年生草本。茎多分枝，节间较短；下部叶倒披针形，基部长渐狭，中部和上部的叶较小，倒卵状长圆形或匙状长圆形，向下渐长狭，顶端具短尖头或中脉延伸成刺尖状。头状花序多数,在茎枝顶端密集成穗状花序；花托干时平或仅于中央稍凹入，无毛。雌花多数，花冠丝状，顶端 3 齿裂；两性花少数，花冠管状，裂片顶端尖，无毛。瘦果圆柱形，具乳头状突起。花期 1—4 月。分布于非洲、美洲、亚洲和欧洲。校内见于校友林附近草地及南华园湿地。本种与匙叶鼠麴草的差别在于侧脉不明显。

683. 向日葵　菊科（Asteraceae）

***Helianthus annuus* L.**　　**sunflower**

一年生高大草本。茎直立，粗壮，被白色粗硬毛。叶互生，心状卵圆形或卵圆形，有三基出脉，边缘有粗锯齿，两面被短糙毛，有长柄。头状花序极大，径约 10~30cm，单生于茎端或枝端，常下倾。总苞片多层，叶质，覆瓦状排列，被长硬毛或纤毛。舌状花多数，黄色，舌片开展，长圆状卵形或长圆形，不结实。管状花极多数，棕色或紫色，有披针形裂片，结果实。瘦果倒卵形或卵状长圆形，稍扁压。花期 7—9 月，果期 8—9 月。原产北美洲，世界各地广泛栽培。校内见于化学实验中心南侧花坛中栽培。

684. 菊芋　菊科（Asteraceae）

***Helianthus tuberosus* L.**

多年生草本。地下茎块状。茎直立，高 1~3m，被糙毛及刚毛。下部的叶常对生，上部叶互生；下部叶片卵形至卵状椭圆形，有长柄；上部叶片长椭圆形至披针形，基部下延成具狭翅的短柄。头状花序直径 5~9cm，单生于枝端；总苞片多层。舌状花黄色，舌片开展，长椭圆形；管状花黄色。瘦果楔形。花果期 8—10 月。原产北美洲，世界各地广泛栽培。校内偶见于菜地栽培。

685. 泥胡菜　菊科（Asteraceae）

***Hemistepta lyrata* (Bunge) Bunge**

一年生草本，高 30~100cm。茎多单生，被稀疏蛛丝毛，上部长分枝。基生叶和中下部茎生叶长椭圆形或倒披针形；上部茎叶的叶柄渐短，最上部茎叶无柄。头状花序多排成疏松伞房花序；总苞宽钟状或半球形。小花紫色或红色，裂片线形。瘦果楔状，深褐色；冠毛异型，白色。花果期 3—8 月。分布于东亚和澳大利亚。校内见于松柏林、实验桑地等处林下。

686. 旋覆花　菊科（Asteraceae）

***Inula japonica* Thunb.**

多年生草本。茎直立。基部叶小，花期枯萎；中部叶长圆状披针形，无柄；上部叶小，线状披针形。头状花序 3~4cm，长排列成伞房花序。舌状花黄色，舌片线形。花期 6—10 月，果期 9—11 月。分布于东亚至东北亚。校内见于白沙学园南侧林下及足球场附近草地。

687. 剪刀股　菊科（Asteraceae）

***Ixeris japonica* (Burm.f.) Nakai**

多年草本。基生叶匙状倒披针形或舌形，长 3~11cm，有锯齿或羽状半裂或深裂或大头羽状半裂或深裂；茎生叶少数，与基生叶同形或长椭圆形或长倒披针形；花序分枝上的叶极小，卵形。头状花序排成伞房花序；总苞钟状；总苞片 2~3 层。舌状花 24 枚，黄色。瘦果褐色，纺锤形；冠毛白色。花果期 3—5 月。分布于东亚。校内见于西区北侧林下。

688. 苦荬菜　菊科（Asteraceae）

***Ixeris polycephala* Cass.**

一年生草本，茎直立。基生叶线形花期生存，叶线形或披针形，两面无毛。头状花序多数，排列成伞房花序。舌状小花黄色，10~25 枚。瘦果褐色，长椭圆形。花果期 3—6 月。亚洲广布。校内见于东六东侧草地。

689. 雪叶莲（银叶菊） 菊科（Asteraceae）

Jacobaea maritima **(L.) Pelser et Meijden　　silver ragwort**

多年生草本。全株具白色绒毛，高 50~80cm。叶匙形，一至二回羽状分裂,正反面均被银白色柔毛。头状花序单生枝顶。花较小,黄色。花期 6—9 月。原产地中海地区，我国有栽培。校内见于花坛栽培。

690. 马兰　菊科（Asteraceae）

Kalimeris indica **(L.) Sch.Bip.　　Indian aster**

多年生草本，高 30~70cm。叶互生，倒披针形或倒卵状矩圆形，长 3~6cm，边缘具钝齿或羽状浅裂片，上部叶小，全缘。头状花序直径约 2.5cm；总苞片 2~3 层。舌状花 1 层，舌片浅紫色；管状花极多，管部被短密毛。瘦果倒卵状矩圆形，极扁。花期 5—9 月，果期 8—10 月。分布于亚洲南部及东部。校内见于校友林林下及体育馆附近荒地。

691. 翅果菊　菊科（Asteraceae）

***Lactuca indica* L.**　　**Indian lettuce**

一年生或二年生草本。茎叶线形，基部楔形渐狭，无柄。头状花序，多排成圆锥花序或总状圆锥花序；总苞片 4 层。舌状小花 25 枚，黄色。瘦果椭圆形，黑色，边缘有宽翅；冠毛 2 层，白色。花果期 4—11 月。分布于东亚至东南亚地区。校内见于校友林林下及体育馆附近荒地。

692. 莴苣　菊科（Asteraceae）

***Lactuca sativa* L.**　　**lettuce**

一年生或二年草本，高 25~100cm，具乳汁。茎粗壮，肉质。基生叶倒披针形、椭圆形或椭圆状倒披针形，丛生，边缘波状或有细锯齿。茎生叶椭圆形或三角状卵形，基部抱茎。头状花序排成圆锥花序；总苞片 5 层。舌状小花约 15 枚，黄色。瘦果倒披针形，浅褐色，冠毛白色。花果期 2—9 月。原产欧洲，我国各地广泛栽培。校内见于菜地种植。

693. 稻槎菜　菊科（Asteraceae）

Lapsanastrum apogonoides **(Maxim.) Pak et K.Bremer　　Japanese nipplewort**

一年生或二年生草本，高 10~30cm，具乳汁。基生叶丛生，羽状分裂，长 4~10cm，顶裂片较大，卵形，侧裂片 3~4 对；茎生叶较小，通常 1~2。头状花序小；总苞椭圆形，长约 5cm。花全为舌状花，两性，花冠黄色。瘦果椭圆状披针形，淡黄褐色；无冠毛。花期 4—5 月。分布于东亚。校内见于各草坪及林下。

694. 滨菊　菊科（Asteraceae）

Leucanthemum vulgare **(Vaill.) Lam.　　oxeye daisy**

多年生草本，高 15~80cm。叶互生，基生叶长椭圆形、倒披针形、倒卵形或卵形，长 3~8cm，具圆或钝锯齿。中下部茎叶长椭圆形或线状长椭圆形，半抱茎。头状花序；总苞直径 1~2cm。舌状花白色，长 1~2.5cm；管状花黄色。花果期 5—10 月。原产欧亚大陆。校内见于迪臣南路及南华园湿地路边。

695. 白晶菊　菊科(Asteraceae)

Mauranthemum paludosum **(Poir.) Vogt et Oberpr.**　**annual marguerite**

二年生草本，高 15~25cm。叶互生，一直二回羽状分裂。头状花序顶生直径 3~5cm。外围舌状花银白色；管状花金黄色。原产北非和西班牙。花期长，多 3—5 月。原产欧洲，现常见栽培。校内见于花坛栽培。

696. 黄帝菊　菊科(Asteraceae)

Melampodium divaricatum **(Rich. ex Rich.) DC.**　**boton de oro**

一年生草本，株高 30~50cm。叶对生，阔披针形或长卵形，先端渐尖，具锯齿，长 8cm。头状花序顶生，直径约 2cm。舌状花金黄色，管状花黄褐色。瘦果。花期春、秋季。原产美洲。校内见于花坛栽培。

697. 蓝目菊　菊科(Asteraceae)

Osteospermum ecklonis **(DC.) Norl.**　**blue and white daisybush**

半灌木或多年生宿根草本植物，株高 20~60cm。基生叶丛生，茎生叶互生，羽裂。顶生头状花序，中央为蓝紫色管状花，舌瓣花，花色有白色、紫色、淡色、橘色等。原产南非，世界各地广泛栽培。校内见于花坛栽培。

698. 鼠曲草　菊科(Asteraceae)

Pseudognaphalium affine **(D.Don) Anderb.**　**Jersey cudweed**

一年生草本，高 10~40cm。基部叶无柄，匙状倒披针形或倒卵状匙形，长 5~7cm；上部叶长 1.5~2cm，两面被白色棉毛。头状花序，直径 2~3mm，在枝顶密集成伞房花序；总苞钟形；总苞片 2~3 层。花黄色至淡黄色；雌花多数，细管状，3 齿裂。两性花较少，管状，檐部 5 浅裂。瘦果倒卵形或倒卵状圆柱形。花期春秋季。东亚广布。校内见于各处草地及石板路缝隙。

699. 草原松果菊　菊科（Asteraceae）

Ratibida columnifera **(Nutt.) Woot. et Standl.**　**upright prairie coneflower**

二年生或多年生草本。茎具粗毛。叶互生，羽状分裂，裂片线状至狭披针状，全缘。头状花序，中盘呈花柱状，形如松果，四周舌状花黄色，管状花红褐色。花期5—9月。原产北美洲，我国有栽培。校内见于迪臣南路。

700. 黑心金光菊　菊科（Asteraceae）

Rudbeckia hirta **L.**　**black-eyed Susan**

一年或二年生草本，高30~100cm。全株被粗刺毛。下部叶长卵圆形、长圆形或匙形；上部叶长圆披针形，渐尖，长3~5cm，两面被白色密刺毛。头状花序径5~7cm。外围舌状花黄色，舌片长圆形，顶端2~3短齿；管状花暗褐色或暗紫色。瘦果四棱形,无冠毛。花期6—10月。原产北美洲，我国有栽培或归化。校内见于迪臣南路。

701. 千里光 菊科（Asteraceae）

Senecio scandens **Buch.-Ham. ex D.Don　　German ivy**

多年生攀缘草本。根状茎木质，径 1.5cm，长 2~5m。叶互生，卵状披针形至长三角形，长 2.5~12cm，具叶柄。头状花序，排成复聚伞圆锥花序；总苞圆柱状钟形。舌状花黄色，先端 3 齿裂；管状花黄色，两性。瘦果圆柱形，冠毛白色。花期 10 月至翌年 3 月，果期 2—5 月。分布于东亚至东南亚。校内见于南华园湿地。

702. 加拿大一枝黄花 菊科（Asteraceae）

Solidago canadensis **L.　　Canadian goldenrod**

多年生草本，高达 2.5m。茎直立。叶披针形或线状披针形，长 5~12cm。头状花序长 4~6mm，形成开展的圆锥状花序；总苞片线状披针形，长 3~4mm。花黄色，边缘舌状花雌性，中央管状花两性，5 齿裂。瘦果圆柱形。花期 8—9 月，果期 10—11 月。原产北美洲，引入我国作观赏植物后逸生。校内见于体育馆附近荒地，为外来入侵杂草。

703. 裸柱菊 菊科（Asteraceae）

Soliva anthemifolia **(Juss.) Sweet　　button burrweed**

一年生草本。茎极短，平卧。叶互生，有柄，长5~10cm，二至三回羽状分裂，裂片线形。头状花序近球形，无梗，生于茎基部，直径6~12mm；总苞片2层，矩圆形或披针形；边缘雌花多数，无花冠；中央少数两性花，花冠管状，黄色。瘦果倒披针形，有长柔毛。花果期全年。原产南美洲。校内校友林南侧水边有一次记录。

704. 花叶滇苦菜（续断菊） 菊科（Asteraceae）

Sonchus asper **(L.) Hill　　spiny sowthistle**

一年生草本，具乳汁，高20~50cm。中下部茎叶长椭圆形、倒卵形、匙状或匙状椭圆形；上部茎叶披针形，不裂，基部抱茎；全部叶具尖齿刺。头状花序少数，排成伞房花序；总苞宽钟状。花均为舌状，黄色。瘦果倒披针状，褐色，冠毛白色。花果期5—10月。分布于东亚、欧洲和北美洲。校内见于实验桑园、松柏林等处林下。

705. 苦苣菜　菊科（Asteraceae）

Sonchus oleraceus **(L.) L.**　　**common sowthistle**

一年生或二年生草本，高 40~150cm。叶长椭圆形或倒披针形，柔软，长 10~22cm，羽状深裂至全裂，稀不裂，具刺状齿，基部抱茎。头状花序，排成伞房状；总苞钟状。花均为舌状，黄色。瘦果长椭圆形或长椭圆状倒披针形，冠毛白色。花果期 5—12 月。世界广布。校内见于实验桑地、松柏林等处林下。本种与花叶滇苦菜的差别在于叶片羽状深裂。

706. 万寿菊　菊科（Asteraceae）

Tagetes erecta **L.**　　**Aztec marigold**

一年生草本，高 50~150cm。茎粗壮。叶羽状分裂，长 5~10cm，裂片长椭圆形或披针形，具锐锯齿。头状花序单生，直径 5~8cm；总苞杯状。舌状花黄色或暗橙色，舌片倒卵形；管状花黄色。瘦果线形；冠毛有 1~2 个长芒和 2~3 个短而钝的鳞片。花期 7—9 月。原产墨西哥，世界各地常见栽培。校内见于花坛栽培。

707. 孔雀草　菊科（Asteraceae）

Tagetes patula **L.**　　**French marigold**

一年生草本，高 30~100cm。叶羽状分裂，长 2~9cm，裂片线状披针形，有锯齿，齿端常有长细芒。头状花序单生，直径 3.5~4cm；总苞长椭圆形。舌状花金黄色或橙色，带有红色斑；管状花花冠黄色。瘦果线形，冠毛鳞片状。花期 7—9 月。原产墨西哥，世界各地常见栽培。校内常见栽培。本种与万寿菊的差别在于头状花序较小，花序梗顶端稍增粗。

708. 蒲公英　菊科（Asteraceae）

Taraxacum mongolicum **Hand.-Mazz.**　　**dandelion**

多年生草本，具乳汁。叶莲座状，倒卵状披针形、倒披针形或长圆状披针形，长 4~20cm，羽状深裂，侧裂片 4~5 对，具齿。头状花序单生于花葶上，直径约 3~4cm；总苞钟状；总苞片 2~3 层。舌状花黄色。瘦果倒卵状披针形，暗褐色，冠毛白色。花期 4—9 月，果期 5—10 月。分布于我国大部分地区，俄罗斯、蒙古和朝鲜也有分布。校内见于校友林林下及各处路边。

709. 苍耳　菊科（Asteraceae）

Xanthium strumarium **L.**　　**cocklebur**

一年生草本，高 20~90cm。叶三角状卵形或心形，长 4~9cm，近全缘或有 3~5 不明显浅裂，三基出脉。雄性的头状花序球形，直径 4~6mm；总苞片长圆状披针形；雌性的头状花序椭圆形。瘦果，倒卵形，表面疏生构刺。花期 7—8 月，果期 9—10 月。分布于欧亚大陆和北美洲。校内见于体育馆附近荒地和南华园湿地。

710. 红果黄鹌菜　菊科（Asteraceae）

Youngia erythrocarpa **(Vaniot) Babc. et Stebbins**

一年生草本，高 50~100cm。叶倒披针形，羽状全裂。头状花序多数，排成伞房圆锥花序，含 10~13 枚舌状花；总苞圆柱状，总苞片 4 层。舌状小花黄色。瘦果红色，纺锤形；冠毛白色。花果期 4—8 月。分布于我国西南及中部地区。校内见于校友林及长兴林林下。

711. 黄鹌菜　菊科（Asteraceae）

Youngia japonica **(L.) DC.　　oriental false hawksbeard**

一年生草本，高 10~100cm。茎直立。基生叶倒披针形、椭圆形、长椭圆形或宽线形，长 2.5~13cm；无茎生叶或有 1~2 枚茎生叶，与基生叶同形并等样分裂。头状花序含 10~20 枚小花，排成伞房花序；总苞圆柱状；总苞片 4 层。舌状小花黄色。瘦果纺锤形；冠毛白色。花果期 4—10 月。分布于东亚。校内见于各处林下。本种与红果黄鹌菜的差别在于叶片先端钝。

712. 百日菊　菊科（Asteraceae）

Zinnia elegans **L.　　elegant zinnia**

一年生草本，高 30~100cm。茎直立，被糙毛或长硬毛。叶对生，宽卵圆形或长圆状椭圆形，长 5~10cm，基出三脉。头状花序径 5~6.5cm；总苞宽钟状；总苞片多层。舌状花雌性，深红色、玫瑰色、紫堇色或白色，舌片倒卵圆形，先端 2~3 齿裂或全缘；管状花黄色或橙色，两性。花期 6—9 月，果期 7—10 月。原产墨西哥，我国各地有栽培。校内常见栽培。

713. 接骨草　五福花科(Adoxaceae)

Sambucus javanica **Blume**　　**Chinese elder**

高大草本或半灌木，高 1~2m。羽状复叶；托叶叶状或退化为蓝色腺体；小叶 2~3 对，互生或对生，狭卵形，具细锯齿。复伞形花序，具不孕花变成的杯状腺体；花冠白色，花药黄色或紫色。果实红色，近圆形。花期 4—5 月，果熟期 8—9 月。分布于亚洲热带至亚热带地区。校内见于校友林及长兴林林下。

714. 绣球荚蒾　五福花科(Caprifoliaceae)

Viburnum macrocephalum **Fortune**　　**Chinese snowball**

落叶或半常绿灌木，高达 4m。叶纸质，卵形、椭圆形或近圆形，5~11cm,边缘有小齿。大型聚伞花序,全由不孕花组成。花冠白色。花期 4—5 月。分布于华东地区。校内东西区均有栽培。

714a. 琼花　五福花科（Caprifoliaceae）

Viburnum macrocephalum **'Keteleeri'**

绣球荚蒾的园艺品种。其特点是：花序中央有较小的两性花，7~10mm，周围具大型不孕花。校内见于启真湖边。

715. 日本珊瑚树　五福花科（Caprifoliaceae）

Viburnum odoratissimum **Ker Gawl. var.** ***awabuki*** **(K. Koch) Zabel ex Rumpl.**

sweet viburnum

常绿灌木或小乔木。枝灰色或灰褐色，有凸起的小瘤状皮孔。叶革质，倒卵状长圆形至长圆形，边缘波状或具波状粗钝锯齿，近基部全缘。圆锥花序顶生或生于侧生短枝上。花芳香；花冠白色，后变黄白色，有时微红，辐状。果实先红色后变黑色。花期5—6月，果熟期9—11月。分布于亚洲。校内常见栽培。

716. 粉团荚蒾　五福花科（Caprifoliaceae）

Viburnum plicatum **Thunb.**　　**Japanese snowball**

落叶灌木。叶纸质，宽卵形，基部宽楔形，边缘有不整齐三角状锯齿，上面常深凹陷，下面显著凸起，小脉横列，并行，紧密，成明显的长方形格纹无托叶。聚伞花序伞形式，球形，常生于具1对叶的短侧枝上，全部由大型的不孕花组成，雌、雄蕊均不发育。花期4—5月。分布于东亚。校内见于东区庭院。

717. 忍冬（金银花）　忍冬科（Caprifoliaceae）

Lonicera japonica **Thunb.**　　**Japanese honeysuckle**

半常绿藤本；幼枝红褐色，密生柔毛和腺毛。叶纸质，卵形至卵状披针形，长3~9.5cm；有叶状大苞片，2~3cm。花两侧对称，成对着生；花冠二唇形，先白色而后变为黄色；雄蕊5。浆果球形，蓝黑色。种子褐色。花期4—6月，秋季亦长开花，果期10—11月。分布于东亚。校内见于南华园湿地及东区庭院。

718. 蓝叶忍冬　忍冬科（Caprifoliaceae）

Lonicera korolkowii **Stapf　　blueleaf honeysuckle**

落叶灌木，高 2~3m，树形向上，紧密。单叶对生，叶卵形或卵圆形，全缘；新叶嫩绿，老叶墨绿色泛蓝色。花脂红色。浆果亮红色。花期 4—5 月，果期 9—10 月。原产土耳其，我国有栽培。校内见于校友林。

719. 亮叶忍冬　忍冬科（Caprifoliaceae）

Lonicera ligustrina **var.** ***yunnanensis*** **Franch.　　box honeysuckle**

女贞叶忍冬的变种。常绿或半常绿灌木，高 2~5m。叶革质，近圆形或宽卵形，长 1~4cm，无毛或有少数糙毛。花冠黄白色或紫红色，漏斗状，5~7mm，筒外密生红褐色短腺毛。花期 4—6 月，果熟期 9—10 月。原产我国西南地区，现各地有栽培。校内见于丹青学园、校友林。本种与海仙花的差别在于花萼不裂至基部。

720. 贯月忍冬　忍冬科(Caprifoliaceae)

***Lonicera sempervirens* L.　　trumpet honeysuckle**

常绿藤本。全株近无毛；幼枝、花序梗和萼筒常有白粉。叶卵形至矩圆形，对生，顶端钝或圆而常具短尖头，基部通常楔形，下面粉白色，小枝顶端的 1~2 对叶基部相连成盘状。叶柄短。穗状花序顶生，花轮生，每轮通常 6 朵；花冠外面橘红色，内面黄色，呈细长漏斗形。果实红色，直径约 6mm。花期 4—8 月。原产北美洲，我国有栽培。校内见于园林中心外墙。

721. 白花败酱　忍冬科(Caprifoliaceae)

***Patrinia villosa* Juss.**

草本，高可达 1m以上。基生叶丛生，叶片卵形、卵状披针形，长 4~20cm，宽 2~15cm；茎生叶对生。圆锥花序、伞房花序顶生；花冠白色，5 深裂；雄蕊 4；瘦果倒卵形，与宿存增大苞片贴生。花期 8—10 月，果期 9—11 月。分布于中国和日本。校内见于校友林。

722. 海仙花　忍冬科（Caprifoliaceae）

Weigela coraeensis **Thunb.**

落叶灌木。小枝粗壮，无毛或近无毛。叶阔椭圆形，近圆形或倒卵形，脉间稍有毛。单花或 3 朵花的聚伞花序。花冠白色或淡红色，花开后逐渐变红色，漏斗状钟形。蒴果柱形。种子具翅。分布于东亚。校内见于校医院附近和西区大草坪等处。

723. 锦带花　忍冬科（Caprifoliaceae）

Weigela florida **(Bunge) A.DC.　　oldfashioned weigela**

落叶灌木，高 1~3m。叶矩圆形、椭圆形或倒卵状椭圆形，长 5~10cm，有锯齿，上面疏生短柔毛，下面密生短柔毛或绒毛。花单生或成聚伞花序。花冠紫红色或玫瑰红色，花瓣开展，内面浅红色；花药黄色。花期 4—6 月。分布于东亚。校内见于校医院附近。本种与海仙花的差别在于花萼不裂至基部。

724. 海桐　海桐科(Pittosporaceae)

Pittosporum tobira **(Thunb.) W.T.Aiton　　Japanese cheesewood**

常绿灌木或小乔木，有皮孔。叶互生，聚生于枝顶呈假轮生，倒卵形或倒卵状披针形，长4~9cm，全缘，厚革质，发亮。伞形花序或伞房状伞形花序顶生或近顶生。花白色或黄绿色，芳香。蒴果圆球形，有棱或呈三角形，3瓣裂。种子多数，多角形，红色。原产东亚，现世界各地常见栽培。校内常见栽培。

725. 八角金盘　五加科(Araliaceae)

Fatsia japonica **(Thunb.) Decne. et Planch.　　fatsi**

常绿灌木。茎常丛生状,具白色大髓心。叶片大,革质,掌状7~9深裂,幼时具绒毛,后渐脱落。伞形花序组成大型圆锥花序,顶生。花小,黄白色;花瓣5；雄蕊5；子房5室，花柱5，分离；花盘呈半圆形突起。果近球形，熟时紫黑色。花期10—11月，果期翌年4月。原产日本南部和韩国。校内常见栽培。

726. 常春藤　五加科（Araliaceae）

***Hedera nepalensis* var. *sinensis* (Tobler) Rehder**

尼泊尔常春藤的变种。多年生常绿攀缘灌木。茎灰棕色或黑棕色。单叶互生，叶二型；全缘或三裂。伞形花序单个顶生，或 2~7 个总状排列或伞房状排列成圆锥花序；花萼密生棕色鳞片；花瓣 5，淡黄白色或淡绿白色；雄蕊 5。果实圆球形，红色或黄色。花期 9—11 月，果期翌年 3—5 月。我国各地广布。校内见于校友林林下。

727. 天胡荽　五加科（Araliaceae）

***Hydrocotyle sibthorpioides* Lam.　　lawn marshpennywort**

多年生草本，有气味，茎细长而匍匐，节上生根。叶片膜质至草质，圆形、肾圆形，长 0.5~1.5cm，宽 0.8~2.5cm，边缘有钝齿。伞形花序与叶对生，单生于节上。花瓣绿白色，有腺点。果实略呈心形，两侧扁压。花果期 4—9 月。分布于东亚至东南亚。校内见于各林下、路边。

728. 南美天胡荽（香菇草） 五加科（Araliaceae）

***Hydrocotyle verticillata* Thunb.** **whorled pennywort**

多年生草本，挺水或湿生，株高不过 20cm，节上常生根。叶互生，叶柄细长柄，圆盾形，直径 2~4cm，缘波状，有叶脉 15~20 条，呈辐射状。花两性；伞形花序；小花白色。分果。花期 6—8 月。原产南美洲。校内见于启真湖边。

729. 鹅掌藤 五加科（Araliaceae）

***Schefflera arboricola* (Hayata) Merr.** **dwarf umbrella tree**

藤状灌木。掌状复叶，具 7~9 小叶；小叶革质，倒卵状长圆形或长圆形，上面深绿，下面灰绿。伞形花序组成顶生圆锥状花序，长约 20cm。花小，白色；无花柱。果卵圆形，熟时红黄色。花期 7—10 月，秋后果熟。原产台湾和海南。校内见于生命科学学院玻璃大厅及室内盆栽。

730. 熊掌木　五加科（Araliaceae）

× *Fatshedera lizei* (Cochet) Guillaumin　　tree ivy

为常春藤和八角金盘的杂交种。常绿蔓生藤本，高可达 1m以上。生茎草质，后木质化。叶柄基部呈鞘状与茎枝相连。单叶互生，掌状 5 裂，宽 12~16cm，全缘；新叶密被绒毛，老叶光滑，浓绿。伞形花序组成大型圆锥花序。花小，淡绿色。校内见于校友林、西区庭院等处。

731. 积雪草　伞形科（Apiaceae）

***Centella asiatica* (L.) Urb.　　Asiatic pennywort**

多年生草本，茎匍匐，节上生根。叶片小型，圆形、肾形，边缘有钝锯齿，掌状脉两面隆起，叶柄长。伞形花序聚生于叶腋，每一伞形花序有花 3~4，聚集呈头状；花紫红色、乳白色。果实两侧扁压，圆球形。花果期 4—10 月。分布于亚洲，校内偶见生长。

732. 蛇床　伞形科（Apiaceae）

Cnidium monnieri **(L.) Cuss.**　　**Monnier's snowparsley**

一年生草本，高不过 1m，茎多分枝，中空，表面具深条棱。下部叶具短柄，上部叶柄全部鞘状；叶片轮廓卵形至三角状卵形，长 3~8cm，宽 2~5cm，羽状全裂。复伞形花序，总苞片线形；花瓣白色。分生果长圆状。花期 4—7 月，果期 6—10 月。分布于亚洲和欧洲。校内见于校友林林下。

733. 芫荽（香菜）　伞形科（Apiaceae）

Coriandrum sativum **L.**　　**coriander**

一二年生草本，有强烈气味。茎圆柱形，多分枝，有条纹。叶片 1 或 2 回羽状全裂，长 1~2cm，宽 1~1.5cm，上部的茎生叶 3 回或多回羽状分裂。伞形花序；花多白色。果实圆球形，背面主棱及相邻的次棱明显。花果期 4—11 月。原产地中海地区，世界各地广泛栽培。校内见于菜地种植。

730. 熊掌木　五加科（Araliaceae）

× *Fatshedera lizei* (Cochet) Guillaumin　　tree ivy

为常春藤和八角金盘的杂交种。常绿蔓生藤本，高可达 1m以上。生茎草质，后木质化。叶柄基部呈鞘状与茎枝相连。单叶互生，掌状 5 裂，宽 12~16cm，全缘；新叶密被绒毛，老叶光滑，浓绿。伞形花序组成大型圆锥花序。花小，淡绿色。校内见于校友林、西区庭院等处。

731. 积雪草　伞形科（Apiaceae）

***Centella asiatica* (L.) Urb.　　Asiatic pennywort**

多年生草本，茎匍匐，节上生根。叶片小型，圆形、肾形，边缘有钝锯齿，掌状脉两面隆起，叶柄长。伞形花序聚生于叶腋，每一伞形花序有花 3~4，聚集呈头状；花紫红色、乳白色。果实两侧扁压，圆球形。花果期 4—10 月。分布于亚洲，校内偶见生长。

732. 蛇床　伞形科（Apiaceae）

***Cnidium monnieri* (L.) Cuss.**　**Monnier's snowparsley**

一年生草本，高不过 1m，茎多分枝，中空，表面具深条棱。下部叶具短柄，上部叶柄全部鞘状；叶片轮廓卵形至三角状卵形，长 3~8cm，宽 2~5cm，羽状全裂。复伞形花序，总苞片线形；花瓣白色。分生果长圆状。花期 4—7 月，果期 6—10 月。分布于亚洲和欧洲。校内见于校友林林下。

733. 芫荽（香菜）　伞形科（Apiaceae）

***Coriandrum sativum* L.**　**coriander**

一二年生草本，有强烈气味。茎圆柱形，多分枝，有条纹。叶片 1 或 2 回羽状全裂，长 1~2cm，宽 1~1.5cm，上部的茎生叶 3 回或多回羽状分裂。伞形花序；花多白色。果实圆球形，背面主棱及相邻的次棱明显。花果期 4—11 月。原产地中海地区，世界各地广泛栽培。校内见于菜地种植。

734. 细叶旱芹　伞形科（Apiaceae）

***Cyclospermum leptophyllum* (Pers.) Sprague　　marsh parsley**

一年生，高不过0.5m，茎多分枝，光滑。根生叶有柄，叶片轮廓呈长圆形至长圆状卵形，长2~10cm，宽2~8cm，3至4回羽状多裂；茎生叶三出式羽状多裂。复伞形花序；花瓣白色、绿白色。果实圆心脏形，分生果的棱5条，圆钝。花期5月，果期6—7月。分布于世界温带至亚热带地区。校内见于各林缘、草地及水边。

735. 茴香　伞形科（Apiaceae）

***Foeniculum vulgare* Mill.　　fennel**

草本，高可达2m，茎直立，多分枝。较下部的茎生叶柄长，中部或上部的叶柄部分或全部成鞘状，长4~30cm，宽5~40cm，羽状全裂。复伞形花序顶生与侧生；花瓣黄色。果实长圆形。花期5—6月，果期7—9月。原产地中海，世界各地广泛栽培。校内见于农业试验地。

736. 水芹　伞形科(Apiaceae)

***Oenanthe javanica* (Blume) DC.**　　**Chinese celery**

多年生草本，高不过 1m，茎直立。基生叶有柄，叶片轮廓三角形，1~2 回羽状分裂，长 2~5cm，宽 1~2cm，茎上部叶无柄，较小。复伞形花序顶生，无总苞；花瓣白色。果实近于四角状椭圆形或筒状长圆形。花期 6—7 月，果期 8—9 月。亚洲广布。校内见于生物实验中心水边及南华园湿地。

737. 小窃衣　伞形科(Apiaceae)

***Torilis japonica* (Houtt.) DC.**　　**erect hedgeparsley**

草本，高可达 1m以上，主根棕黄色。叶片长卵形，1~2 回羽状分裂，第一回羽片卵状披针形，长 2~6cm，宽 1~2.5cm。复伞形花序顶生、腋生，有倒生的刺毛；花瓣白色、紫红、蓝紫色。果实圆卵形。花果期 4—10 月。分布于欧洲、北非及亚洲的温带地区。校内见于校友林。

附 录

学名(拉丁名)索引

A

G

H

I

M

N

O

P

Q

R

S

T

U

V

W

中文名索引

D

H

J

K

L

M

R

S

T

W

X

Y

Z

参考文献

[1] Christenhusz M, Zhang X C, Schneider, H. 2011a. A linear sequence of extant families and genera of lycophytes and ferns. *Phytotaxa*, 19(1): 7–54.

[2] Christenhusz M, Reveal J, Farjon A, et al., 2011b. A new classification and linear sequence of extant gymnosperms. *Phytotaxa*, 19(1): 55–70.

[3] Bremer B, Bremer K, Chase M, et al., 2009. An update of the Angiosperm Phylogeny Group classification for the orders and families of flowering plants: APG III. *Botanical Journal of the Linnean Society*, 161(2): 105–121.

[4] 刘冰, 叶建飞, 刘夙, 等, 2015. 中国被子植物科属概览: 依据 APG III 系统. 生物多样性, 23(2): 225–231.